中国建筑设计研究院设计与研究丛书

重庆国泰艺术中心

CHONGQING GUOTAI ART CENTER

中国建筑工业出版社
China Architecture & Building Press

感谢重庆市委、市政府、建设局对国泰艺术中心顺利落成的大力支持，也感谢所有对其作出贡献的人！

目录

序

每每看到这组红黑相叠的复杂构架就让我有种特殊的感觉。坦率说,它和我做人做事的风格不太一样,似乎过于张扬了些。

当初景泉领着设计小组找我讨论这个竞赛方案时,我随手勾了个草图,说明要考虑地形的高差,要抓住重庆传统民居的构架特征,要创造紧凑型和开放式的城市公共空间,要在高楼林立的商业中心区注入文化的活力。对建筑形态,我只希望经过认真的分析各种条件后找到解题的路径,然后自然呈现,再进行梳理即可,说实话,当时我对造型是创新点儿还是保守点儿,并没有倾向,只是期望找到某种平衡点。忙碌中,中间没再多讨论,快交图时景泉拿着半成品给我看,那红黑双色构架着实让我吃了一惊:是不是太火爆了?!老实说,超过了我的期待。但是到了这个时间点再大改已不大可能,关键是如何处理好形式和空间的关系,千万别落入过度装饰的陷阱。于是我又对场地布置,竖向衔接过渡,上下剧场和美术馆空间的结合等方面提了一些意见和办法,方案也就进入后期制作阶段了。说实话,我对这个方案能否中标没有什么把握,但我想它应该是一个很有冲击力的方案吧,拼一下也好。果然,在我们汇报方案后,听说评委争议很大,最终能够胜出也真是不易。

中标的消息传来,对大家是一个喜讯,但对我也是个压力:这个凶猛的家伙真要落户重庆这座颇有个性的山城了,它会不会水土不服?适不适合这个城市空间?能不能让老百姓喜欢进而激发城市的活力?如何进一步在外形构架系统与内在的功能空间和技术系统之间建立理性的逻辑关系?能不能在可控的造价下达到应有的质量?我特别担心它是那种徒有其表、曲高和寡、好看不好用的标志性建筑,而这类建筑失败的教训在各地的确不少。

无论如何，在这个项目上，我们是很幸运的：幸运的是这个项目处在人气很旺的解放碑商业中心，那一年到头熙熙攘攘的人群是艺术中心最大的客户资源；幸运的是这个项目的场地狭小，正因为如此艺术中心才能高度集成化，创造立体的叠和空间，与城市无缝衔接；幸运的是这个项目的地势复杂，综合地解决车流人流、城市道路和内部流线使艺术中心自然地呈现出山城的特点；幸运的是这个项目的功能复杂，需求多样，动的静的，明的暗的，地下地上，室内室外，充分挖掘有限的空间潜力就像玩一盘华容道游戏；更幸运的是，我们碰到了好的甲方，没有业主单位各位领导的信任、支持和耐心，艺术中心的实现难以想象！

一个项目是一个故事，规模不大的国泰艺术中心有个长达七年的故事，这个故事的讲述人来自决策者、设计者和建设者等方方面面，还有学者、专家同行的品谈和解读，我们将这个故事记录下来，既是为了我们自己的总结和思考，也是为了向社会介绍建筑的创作内涵。不管市民百姓是不是喜爱它，我们都真心希望大众对建筑的解读不是肤浅地、戏谑地起一个绰号，而是或多或少理解我们为了城市的文化和市民的使用所付出的用心和那一份善意。

两年前，国泰艺术中心竣工了。不久前，它南面的国美地下商业中心和地上的城市森林也终于完成了。看着朋友发来的照片，国泰艺术中心就像一堆篝火，在重庆的水泥森林中静静地燃烧……

崔愷

2015.5.10

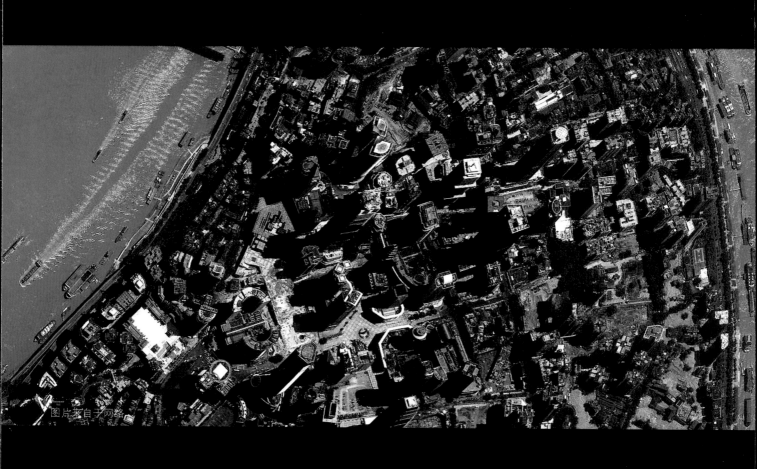

图片来自于网络

山城与国泰的记忆

一座大江冲刷千年的城市，一座生长于山岩之上的城市，一座不屈不挠抵御侵略的城市……在新世纪，它需要怎样的建筑传承山城独特的文化？

山水之城

国泰艺术中心，位于重庆市渝中区最为热闹的解放碑地区。

由长江和嘉陵江交汇处的渝中半岛，是重庆这座山城最初的起点，重要的地理位置让这里早在战国时期就成为地方统治首府，先后有过江州、巴州、渝州等近十个名称，至今已有2300余年的历史。自战国至明代，经过四次大规模筑城限定的范围，即传统上的"重庆老城"，也是城市中最为繁忙、密集的地区。

1890年，作为西部重要商业城市的重庆，因中英两国条约列为通商口岸，迎来了外国资本和民族工业的兴起，成为西南重镇，人口迅速增加，商业地位提高。尤其是抗日战争爆发后，1937年11月国民政府迁都重庆，随之西迁的大量机关、学校、工厂、银行和研究单位，使重庆成为中国抗战时期大后方的政治、军事、经济、文化中心，抗日民族统一战线的政治舞台，更成为世界反法西斯战争远东指挥中心，历经日军长达6年的大轰炸而坚定不移，成为中国人民心目中的"不屈之城"。

在一个世纪的变迁中，重庆曾两度直辖。1997年重庆市与原万县市、涪陵市、黔江地区合并，第三次成为直辖市，由此迎来了前所未有的城市快速发展时期。

20世纪30年代的重庆市貌

依山就势搭建的房屋

解放碑地区是重庆市的商业中心区。交会于"重庆人民解放纪念碑"（原"抗战胜利记功碑"）的若干条道路上，既遍布百货、商业、餐饮场所，也容纳了重庆大量的文化设施，是重庆许多重大历史事件和掌故发生的地方。

随着城市的发展，重庆的市域范围逐渐从渝中半岛逐渐扩展到长江南岸和江北地区，使外围地区有了较好的发展。而解放碑所在的中心城区，则因基础设施薄弱、建筑陈旧，呈现出衰败的景象。1997年重庆第三次直辖后，市政府把改造解放碑地区作为直辖后的首要"民心工程"，将解放碑周边道路改造为步行街，形成中国西部最大的商业步行街区。由于在旧城改造过程中，解放碑地区已累计拆除近400万平方米老旧建筑，搬迁20余万人，使得人口和设施类型不完善，为老城区的复兴带来新的问题。

随着周边建筑高度限制的不断突破，原本高耸的解放碑逐渐处于密不透风的包围中，而对于气候闷热的重庆来说，也亟须改善市中心的城市环境，避免热岛效应。在政府和民意的推动下，2003年颁布的《重庆渝中半岛城市形象设计》明确提出，扩大现有城市开敞空间，在解放碑地区留出一条可供透气的绿色廊道，提供市民文化生活的公共空间。毗邻解放碑的国泰电影院，因此迎来了重生的契机。

20世纪50年代的解放碑

21世纪初的解放碑地区，高楼林立，解放碑已难觅踪迹

解放碑步行街现状

叠檐 穿斗 吊脚

依山傍水的环境，赋予巴文化营造城市和建筑顺应地势、随遇而安的特点。位于狭小半岛上的重庆，更是自古以来就善于在三维方向上发展，建筑依山就势、错落有致，形成了吊脚、筑台、悬挑、附岩等具有强烈地方特征的建造方式。

1882年，英国派驻的领事谢立三（Alexander Hosie）第一次来到重庆时，这样描述这座城市："重庆城坐落在长江北岸半岛的顶端，长江水穿过砂岩峭壁，从设防的佛图关小镇下流过，浑浊的江水与嘉陵江的清流在离朝天沙嘴约4公里的地方相汇。重庆城建在山顶延伸出的坡上，俯瞰嘉陵江和长江河床……站在对面的山头鸟瞰重庆，几乎所有的土地都用在建筑上来……"

遮蔽　　　　　　　　　　　　　　　　　陡坎　　　　　　　　　　　　　　　　　屋顶

抗战时期，由于人口激增、经济困难，在沿江一带和坡地上出现更多相连成片的吊脚楼。起伏不平的山地，蜿蜒的街巷，依山就势搭建的房屋，重重叠叠，鳞次栉比，构成重庆独特的城市空间形态和山地建筑景观。

小说家张恨水此时寓居重庆，在他的《重庆旅感录》中这样写道："此间地价不昂，而地势崎岖，无可拓展；故建房者，由高临下，则削山为坡；居卑面高，则支崖作阁。平面不得展开，乃从事于屋上下之堆叠。"

国泰记忆

成立于1937年的国泰大戏院，曾是重庆抗战时期的文化圣地。1937年2月戏院开幕之际，即以霓虹灯、铁背靠椅、磨砂大吊灯成为重庆首屈一指的文化活动场所，时逢抗战烽火燃起，北平和上海等地的文艺界人士先后来到大后方的重庆。1937年10月在这里上演的《卢沟桥之战》使之成为第一个表演抗战话剧的演出场所。

从1937年到1943年间，国泰大戏院白天放电影，晚上演话剧，共计演出了94部话剧，其中包括郭沫若的《屈原》、曹禺的《蜕变》、夏衍的《法西斯细菌》、老舍的《面子问题》等知名剧作，话剧四大名旦舒绣文、白杨、张瑞芳、秦怡都成名于此，见证了一代中国剧作家和艺术家的成长。即便在"重庆大轰炸"期间，演员和观众也会在空袭警报结束后重新回到剧场，从未长时间中断过演出。作为宣传抗战精神、表达不屈斗志的文化阵地，国泰大戏院成为中国人民反抗侵略的象征，也因此为重庆人民留下了深厚的记忆。

左一：20世纪30年代的国泰大戏院
左二：1952年重建后更名为和平电影院

《天国春秋》　　　　　　　　《雾重庆》　　　　　　　　　　曹禺的《蜕变》

1952年，国泰大戏院原有建筑拆除改建，由重庆大学建筑系主任叶仲矶教授设计，更名为"和平电影院"，"文革"期间一度更名为东方红电影院，后于1993年重新更名为"国泰电影院"，始终是重庆市民文娱生活的重要场所。然而，随着时代的发展，国泰电影院逐渐因设施老化、空间狭小而不敷使用。同时，由于历经多次翻修，老国泰的建筑风貌也已消失殆尽，成为闹市区中一处并不起眼的商业建筑。

新世纪初，重庆市政府做出建设重大文化设施项目的决定，身处解放碑地区改造范围内的国泰大戏院名列其中，后又将规划中的重庆美术馆、电影院等功能合并进来，并容纳歌舞团、画院等机构，形成功能全面的"重庆国泰艺术中心"，成为重庆城市建设的"十大公益设施"的重要项目之一。国泰艺术中心的功能定位为"依托商业中心，面向文化市场，服务大众需求"，成为重庆乃至西南地区重要的文化设施。

20世纪80年代的国泰

老舍的《残雾》　　　　　　郭沫若的《屈原》　　　　　　　　　　　　　　　　秦怡、赵丹、白杨、张瑞芳等艺术名家成名于此

基地范围

基地现状鸟瞰

基地周边城市空间

由于国泰大戏院的历史意义，国泰艺术中心仍选择建在渝中区的城市中心地带，同时结合解放碑地带的整体城市改造，将原本位于国泰电影院以北的重庆市公安局大院迁走，使两块用地结合起来。项目的出发点，是在高楼林立、商业氛围浓郁的解放碑地区修建一处可供市民休憩、停留、享受文化活动的城市空间和公共设施，为老城区的复兴做出贡献。

项目用地由临江支路、姜家巷、青年路和邹容路围合而成，包含"国泰电影院"（1号地块）和"重庆市公安局"（2号地块）两部分，总用地面积2.91hm²，其中国泰艺术中心用地在2号地块东北侧的2-1地块内，用地面积为9600m²，其西侧2-2地块将结合1号地块用作城市公共空间和绿色廊道"国泰广场"。

原有市公安局大院建筑密集，与城市缺乏关联，周边的城市空间封闭，与热闹、开放的解

基地位置

一个设计的开始

在城市的缝隙中，在起伏的地形中，建筑被广场化，
成为城市中的一个枢纽，而不是封闭的单体建筑。

从城市出发

国泰大戏院和重庆美术馆的方案投标，开始于2005年的10月。对于这个"重庆十大公益建筑"项目之一，重庆市政府特别提出了三点要求："体现中国文化特征，体现地域文化特征，体现重庆直辖十年后文化建筑新的成就。"中国文化和地域文化因此成为此次投标中各方设计表达的重点。

同时，设计的难点则主要来自功能和环境的限制。如何在地块、面积等条件下，创造合理空间？如何在杂乱的建筑背景下，创造文化特征并整合该区域城市秩序？狭小的地块中，需要塞入巨大的剧场空间、展览空间、休闲空间，并使整个建筑和周边广场形成完整的一体。而在高层建筑环抱中，需要使屋顶形成良好的视觉感受，在有限的建筑面积内创造更多的城市共享空间。

景泉（设计主持）：刚刚拿到任务时，我们感到既紧张又兴奋，在重庆反复调研了十余天。这里的文化显然不同于正统的中原文化，有自己悠久绵长的传统，也有许多独特的文化内涵值得我们挖掘。经过讨论，我们很快达成了第一个共识，对于重庆而言，表达传统不应该等同于拟古、仿古，在这样一个地方，做大屋顶就没意思了。我们决心遵循现代建筑的思路和表达方式，我们要做出的，是蕴含传统意味的现代建筑，而不是堆砌传统符号。很快，我拿出了第一个方案，用建筑体块反映山水关系，加入了对传统吊脚楼、檐下空间和崎岖坎路的理解，表达重庆特有的城市空间。没想到，崔总看后说："太封闭了，好像关起门来自我欣赏。"他结合基地的地形特征，开始寻找构思的切入点。

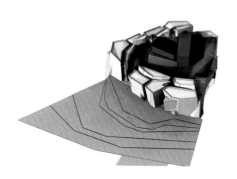
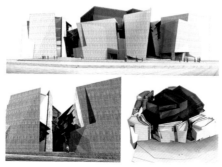

最初的设计方案

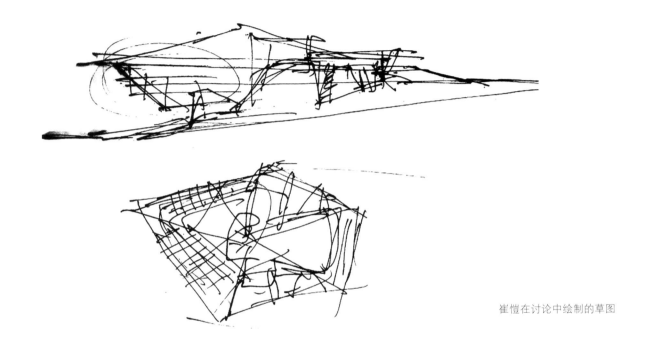

崔愷在讨论中绘制的草图

崔愷（设计主持）：在极具特色的城市和场地做这样一个文化建筑的设计，有必要让它成为城市中的标志建筑。但在解放碑地区，标志显然一直都是那些高层建筑，我们需要在设计中强化文化建筑的开放性和地域性，同时反映市民的现代生活需求。重庆老城有如此高低不平的地貌，整个场地的最大高差达到8.5m，可以尝试将建筑广场化，使其成为城市中的一个枢纽，而不是封闭的单体建筑。地块西侧地势较高，可以通过形体转换，造成退让关系，使建筑的立面倾斜，让立面、屋顶和城市广场联系起来。我们的建筑应该是舒展的，和它所在的坡地互动起来，和城市建立关系，向城市开放。

多重斗栱与草船借箭

新的思路提供了特别契合重庆文化的表达，设计组根据这一方向重新开始思考。

此前经过调研，他们总结出重庆传统的城市和民居的几个特点：山、水、坎（即台地）、叠檐、穿斗。很多人到重庆后的第一感觉，就是大量密集的民居建筑所造成的"叠化"的感觉，到处是一层层的檐子。能否在建筑中采用"堆积"的方式，表达叠檐所代表的城市密度？

此时，重庆的古建筑群湖广会馆提供了进一步的启发。湖广会馆大殿大量采用独特的多重斗栱，在黝黑的背景衬托下，暗红色的出挑构件形成密密麻麻的点的阵列。虽为官式建筑，但斗栱形式和北方厚重的感觉很不一样，反映了重庆的地域特点和审美喜好。

文化的地域差别，让同样的构件元素体现出了和传统斗栱完全不同的地域性。这为建筑师提供了一种新的可能性，换一个角度来理解传统建筑，以斗栱、穿斗等传统元素作为母题，不再拘泥于传统本身，而是尝试用现代的设计语汇来诠释传统建筑的建构逻辑。

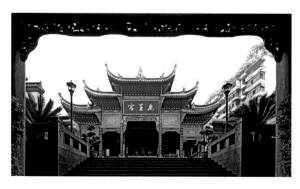

湖广会馆禹王宫斗栱　　　　　　坡地空间

景泉：这时，我想起曾经看过一个蔡国强做的装置艺术《草船借箭》，一条船到处插满了密密麻麻的箭，作品本身用的元素是东方的，是历史的，但艺术的手法和寓意又是现代的，用箭的点阵表达了一个丰满的故事。这让我们进一步明确：任何一个面的关系，都是可以通过点来表达。

随着数字时代和像素表达的逐渐普及，传统意义上"面"的形式，正在愈来愈多地被"点"的表达所取代。边界清晰、体量明确的建筑实体，可以由更细微化的元素组成，再组织为建筑。从更深的层面理解，这也可以说与当今社会认同的普遍化、平民化相关，人们不再关心整体上的体型关系，而更习惯接受大量小尺度元素共同呈现的效果。对于重庆这样一个始终平民化的城市，山城特色来自大量普通民居的堆积和叠加。设计中的现代审美与传统形式也找到了相互的结合点。

"点"所组成的矩阵，比"面"更具融合性和完整性，没有面与面之间的界线，它不但能够表达更丰富的空间，也容易跟随环境因素的影响而产生微妙互动。它所体现的不再是局部和整体的关系，而是整体和整体的关系。

草船借箭（蔡国强创作）

2010年上海世博会英国馆

重庆湖广会馆禹王宫牌楼，共设有五组多重如意斗栱，是清代巴蜀之地广泛使用样式，且层数多，规格高，反映了建筑的重要程度

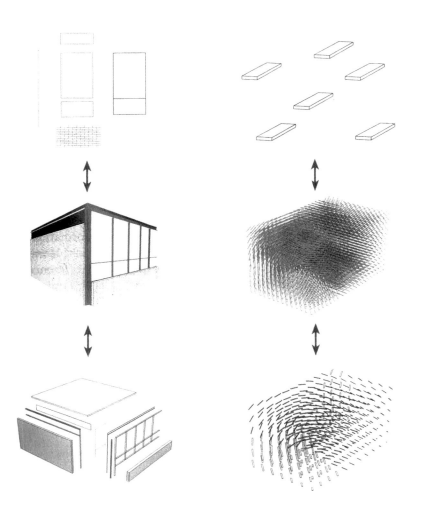

现代主义建筑的层级关系：整体由若干不同组件构成；

复杂的点阵关系：整体由相同的元素构成，形式的独特性来自于元素之间的相互关系。

（图片引自《Atlas of Novel Tectonics》，p63）

构成逻辑

建筑造型利用横向、竖向构件组成斗拱般相互穿插的空间形式，以现代简洁的手法表达传统建筑的精神内涵。建筑中相互穿插、叠落、悬挑的构件，将传统意义上的"立面"通过"点阵"的方式打散重构，形成点、线、面共存的有机整体。红与黑的色彩搭配，也具有鲜明的特征和地域性。

由单一、抽象的几何元素组合的复杂形式，很难进行清晰界定，却也因复杂呈现出丰富性、多样性，展现了重庆这座城市多种特质影响下的文化认同，在感官上与多种意向产生联系。

而红与黑的色彩组合，具有鲜明的特征和地域性，既赋予建筑两种色彩的不同性格，或奔放热烈，或深沉厚重，也契合巴蜀地区的常见建筑用色和对当地影响深远的秦汉文化中的尊贵之色。

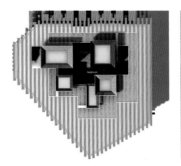

笙

作为文化、演艺建筑，它的形式可以联系到我国传统的乐器"笙"，在富有活力的现代都市中，唤起歌舞"笙"平的和谐景象。

树

姿态优美、树冠硕大的黄桷树，遍布重庆，为市民带来舒适的室外荫蔽空间；建筑下收上扩的形态以及向街道转角悬挑的构件，给广场带来遮蔽，如黄桷树般在城市中形成难得的可供游憩、停留的广场。

穿斗

穿斗式建筑是我国南方常见的传统建筑形式，横向的穿枋并排串联起竖向的柱子，各排柱子之间用斗枋连接，形成空间构架。与抬梁式构架相比用材小，形式轻盈通透，在重庆地区传统民居中十分常见。

点染

点染是中国山水中的重要技法。黄宾虹言画："点点染染，用笔运墨宜分明，但又不要太分明。"李可染的《万山红遍》，先泼墨后点染。国泰艺术中心正是以此为灵感，以"点阵"的方式表达"面"的效果。

金石

金文金石，源自古代钟鼎、碑刻铭文。墨黑色与印章的鲜红色，都是古代金石印制，传拓常用之色，是源远流长的中国文化的一部分。

篝火

白天，建筑以红色的激情，为解放碑地区增加一抹亮色；夜晚华灯初上，整个建筑如城市的篝火，欢乐地燃烧，吸引市民来到周边休憩，享受文化生活，创造真正的"快乐重庆"。

交通分析

总平面图 　　　　　　　　　　　　空间节点

城市的发动机

古语云："不破不立。"在外部环境如此不统一的情况下，建筑结合自身功能的复杂性，形成与外部城市空间相互渗透融合的肌理。不同的肌理块，被赋予不同的功能空间，通过联系渗透、沟通形成建筑的整体形象。

作为标志性建筑，国泰艺术中心对周边的城市背景地块形成统领作用，既统一于解放碑地区现有建筑，又为解放碑地区创造了新的秩序。

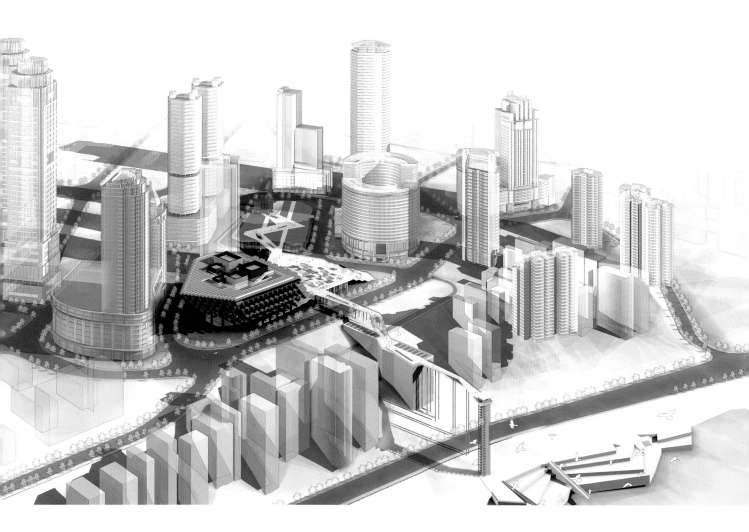

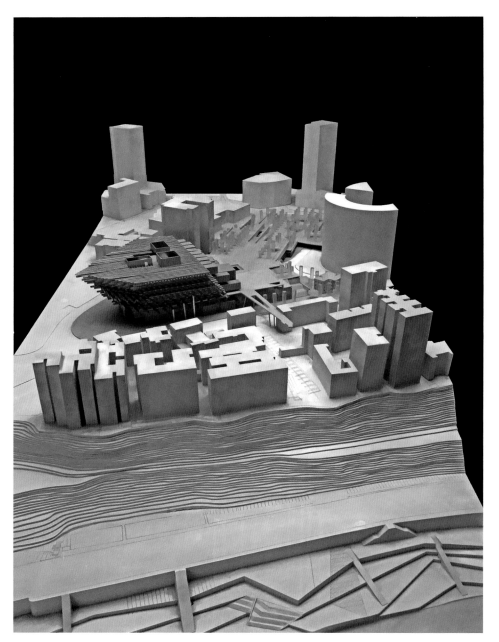

国泰艺术中心及其附属建筑，在高楼林立的解放碑地区，为市民开辟一个透气、呼吸、休闲的城市公共空间和能够享受绿色的场所，力图以恰当的尺度创造舒适宜人的开敞空间。

建筑上部为美术馆，需要的采光较少，下部为剧场和商业用房，需要通透开敞，采光量大，并与城市紧密结合。因此结合功能和节能的要求，整个建筑的外部题凑从下至上呈现由疏到密、由小到大的特征。

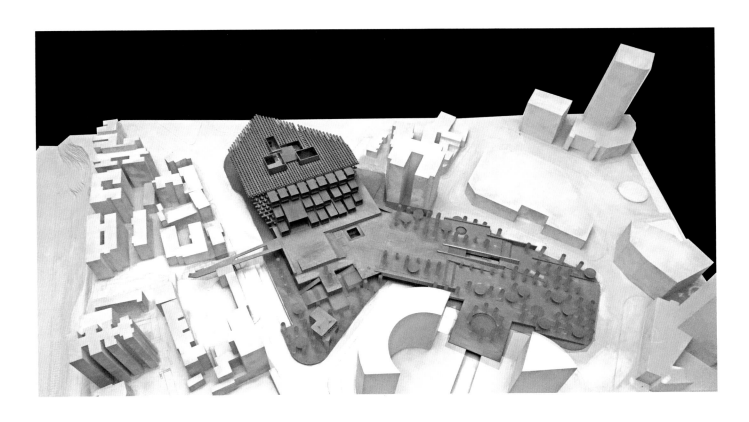

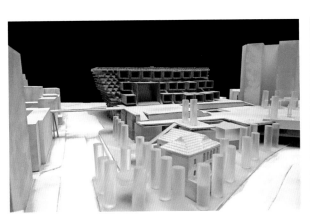

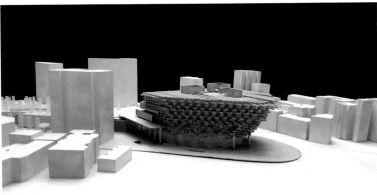

方案中标

景泉： 2005年12月25日，我们将方案提交到重庆，当时共有14家设计单位参与投标，重庆市政府希望能够将设计任务明确为通过传统元素体现建筑的时代性，因此决定对任务书进行修改，由进入前四名的设计单位进行第二次投标。

第二轮修改的竞争更为激烈，虽然只有四家设计单位参与，但其他三家都做了两到三个方案，只有我们自始至终坚持一个方案深入到底。在这一过程中，我们进一步基于场地调研及资料研究，从时间和空间展开，探讨当地的场所精神，并将之转化为具体的空间设计，做了大量深入细致的修改。

2006年7月，第二次投标评审中，我们的方案获得了所有评委的肯定，全票通过，确定为项目实施方案。崔总在第一时间获知了中标信息并转告我。得知设计中标那一瞬间的喜悦，让我感到此前所有的艰苦劳累都不算什么了。整个设计团队都非常高兴，能够通过对城市、对人、对历史文化的理解得到当地人的认可，创造出让他们喜欢的建筑，是对我们建筑师职业水准的充分肯定。

对于此次胜出，崔总在和我们总结原因时说，或许正因为我们不仅仅是把这个项目当成一个单体建筑去做，而是让它承载了我们对当地传统文化尤其是"重庆精神"的理解，才让我们的设计最终获得业主方的认可。

沿江效果图

张枫（业主方负责人）：重庆国泰艺术中心第一次方案投标时，经过专家和分管领导的评选，我们请当时的重庆市市长王鸿举到重庆市规划馆来开会讨论。他看中了中国建筑设计研究院（后文简称"中国院"）的方案，很多人反对，认为招标条件提出需要具有传统中国元素，而在他们眼里这个方案不够"传统"。

这一轮投标并没有找到合适的方案，大部分设计者都被大屋顶的思路限制住了，但我们认为重庆需要的不是这样的建筑。王市长为此指出："招标文件希望建筑能够具备'民族的'、'传统的'特点，通过招标我感到，'传统'不是要给建筑师定框框，应该让建筑师充分发挥他们的才智，用更好的方式来表达。"

为此，我们决定，请这次投标中排名前四的投标单位再做一轮方案，不再限制于传统形式。第二轮的方案总体水平有了很大的提高，中国院还是坚持了这个方案。评审的最后阶段，我们向市政府报了两个方案，一个是中国院的，另一个是红白两条飘带组成的设计。市长办公会上，红黑的颜色搭配引起了一定争议，但王市长认为，中国戏剧脸谱中也经常出现红黑搭配，也是有传统基础的。也有人提出，这个方案建设难度过大，会造成投资过高。

这次市长办公会没有做出结论，而是让重庆市规划局局长就此事向市委书记汪洋汇报。此前，市政府为国泰大剧院批准的投资额是1.3亿，重庆美术馆是1.1亿，两个项目合并为国泰艺术中心后，投资额叠加为2.4亿。我告诉规划局长，选择这个项目，需要增加9000万投资。汪洋书记听取汇报后表态，一个好的项目，加9000万也值，一个不好的方案，要再少的钱也不值。就这样，中国院的方案作为第二轮投标中最为成熟的方案，脱颖而出，确定为中标方案，项目投资额则从2.4亿增加到3.3亿。

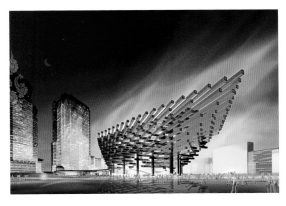

效果图

引入题凑概念

张枫：国泰艺术中心的方案确定后，市里针对这个项目开会征求重庆市文化局的意见。会后，三峡博物馆的馆长王川平就来找我，说他在看到国泰艺术中心设计方案时，从这种杆件端头伸出的形式，联想到"黄肠题凑"这一中国古代的建造方式。

项目招标之初，我们希望国泰艺术中心能够形成建筑和艺术的碰撞。而引入题凑，并以此深化设计后，方案设计实现了文化和建筑的碰撞。它既反映了工业时代的技术和特征，也运用了中国历史悠久的传统元素。我认为这是真正中国式的现代建筑。

"黄肠题凑"是我国上古至汉代流传的皇家帝王葬制。《史记·霍光传》有载"赐梓宫、便房、黄肠题凑各一具，枞木外藏椁十五具"。"黄肠"指的是黄心的柏木，而"题凑"，南北朝时期的刘昭在《后汉书·礼仪志下》中注引东汉人所著《汉书音义》，对"题凑"的描述很清晰："题，头也；凑，以头向内，所以为固也。"

这种在棺椁之外堆垒的木结构，四壁所垒枋木端头皆指向内，与椁室壁板面垂直，四壁只见枋木端头。因此我们可以将"题凑"理解为一种枋木端头露在外面的建筑工法。

既有文献记载，又有考古发现佐证，设计团队了解到"题凑"这一营造工法后，感到确实与国泰艺术中心建构逻辑有显著的共同之处。来源于对斗拱、穿斗等传统建造方式提炼的方案，其单纯现代的形式，与最为古朴的"题凑"工法尤为契合。"题凑"的概念因此被引入设计之中，作为对建筑杆件的统一表述。

大葆台汉墓黄肠题凑

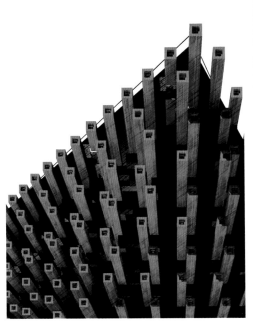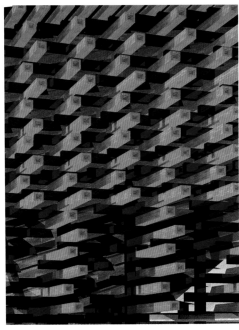

时隔数千年，"题凑"在两种不同语境下，体现了中国文化中对建构逻辑的理解的一贯性，也让国泰艺术中心的方案在传统文化中找到了根。

既作为结构支撑，也作为建筑形态的题凑组合，带来了"如鸟斯革，如翚斯飞"的态势。同时，在题凑所属的秦汉文化中，崇尚的也正是红色和黑色，这与方案的红黑配色不谋而合。

同样形式的构件，同样以堆积、叠合的手法，但在岁月的长河和地域的差异间，因各自文化差异和审美倾向，表现出丰富而迥异的空间感受。国泰艺术中心"题凑"在建筑空间中的穿插、交错，正是设计对重庆城市性格的表达。

题凑设计的深化

方案中标后，设计面临的最大难题是结合工程造价和限定的面积指标，调整方案布局和完善使用功能。对于这样一个技术、艺术相结合，容纳多功能需求的工程，限制条件很多。调整工作首先从题凑构件入手。原方案有1000多根题凑，出于成本、功能和结构的需求，在不影响外观的前提下，既要减少其数量，也要尽量缩短悬挑构件，确保合理造价并与功能需求相适应。

崔愷：在当下强调形式感的建筑潮流中，容易出现一种设计方式，以"表皮"的方式，将建筑的外表面做得非常特殊，非常有标志性，而里面就可以放松了。我自己觉得如果你需要去做表皮的话，也应该把它变成一种系统的建筑语言，而不是应对外观需要的表面涂抹。

这也是我们在做国泰艺术中心时，我一直不忘提醒自己的问题。虽然建筑的形式看上去有些夸张，但我们应该让题凑形成系统的建筑语言：将题凑引入室内，形成内外空间的交融，具备真实的功能，作为真实的结构、设备和功能部件。

秦莹（设计主持）：将方案的题凑形式进行深化，如同一个精密的"理发"过程。题凑的数量和尺寸与建筑的整体形象应有巧妙的平衡。题凑的数量过少，尺寸过大，建筑形态就显得松散，不足以表达点阵关系。题凑过多，又会显得细碎，且不能分担实际功能。

我们在确保建筑外观效果和满足功能的前提下，对各个方向题凑的比例、尺度进行了严格的控制。为了强化建筑体型上大下小的感觉，我们删去了建筑底部的题凑，让建筑底部的公共空间更为通透。顶部小题凑也从密集的点阵改为交错搭接的排布形式。总题凑数量减少到800多根。

其次是考虑为结构受力提供必要的位置和条件，尽可能缩短悬挑长度，通过结构合理化缩减造价。同时还要确保题凑的出挑不

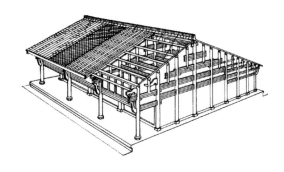

穿斗式木构架　（图片引自《中国古代建筑史》）

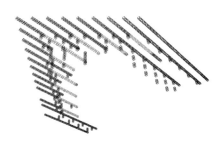

题凑修改调整

会阻挡各种半室外平台、楼梯空间，从室外延伸至室内顶棚的题凑不影响室内空间使用，并充分利用题凑构件作为空调系统新风和排风管道。

我们逐层对题凑进行调整，减少题凑数量和出挑长度。不同于面对广场的题凑出挑较长，沿街立面出挑的主要是黑色题凑且出挑不大，稍不留神，就会让题凑显得过少，而露出后面的混凝土墙体，很难形成题凑的整体感，也不易与其他方向的题凑形成顺畅的体形转折。因此在修改中花费了大量精力进行精确的平衡。

施泓（结构设计）：对于建筑题凑部分的结构体系，我们考虑了两种传力途径：悬挂式和斜撑式。斜撑式的优点是造价低、结构完整。但由于题凑出挑长度较大，必须将斜撑布置在格构相交位置才能避免暴露，这样传力较为曲折，且斜撑式对结构的完整性要求较高。由于设计深化过程中随时需要根据形态和功能的需要修改题凑数量，我们最终选择了更为灵活的悬挂式方案。

随着题凑数量一再减少，有些题凑已经很难找到与之相交的其他题凑，"挂"不住了。我们为此找崔总商议，他提出一个打破常规的思路，从顶部较为完整的题凑垂下一些杆件，挂住面的题凑，吊杆本身涂成黑色，隐藏在题凑体系的"密林"之中。这也将建筑的色彩和结构体系巧妙融合了。

随着设计的进展，构件的三维组织关系与传统的穿斗结构产生了高度的相似，本地的气候条件（无风、炎热）、地质条件（无地震）和生活需求（对城市空间的遮蔽），让建筑最终与当地传统的建筑形式产生必然的联系，也使国泰艺术中心成为真正属于重庆的建筑。

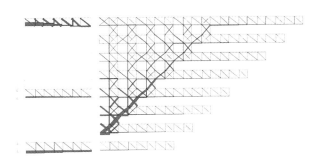 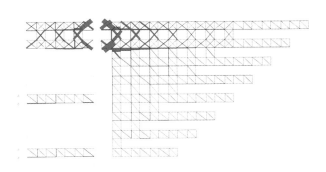

斜撑式结构体系　　　　　　　　　　　　　　　　悬挂式结构体系

景泉：严格遵循垒叠的排布方式，使得整体形象显得庄重而传统。此时，崔愷总建筑师提出，在建筑逻辑已足够严谨的前提下，可适当增加灵活性以及建筑和城市的互动性，因此抽掉了一部分题凑，加入平台和玻璃盒子，提供半室外的公共空间，让建筑空间层次更为丰富，与城市和人的互动随之增强，也很自然地减少了题凑的数量，减少到680根。

同时，题凑的尺寸融入整个建筑之中，成为控制建筑体系的模数。从方案最初试图让人进入杆件内部，到投标时较为密集的堆积状态，设计前期题凑的尺寸一直在800～2000mm之间游移不定。方案深化过程中，随着对功能、层高、结构、形式、设备等问题进行统一考虑，题凑的尺寸最终被确定为1050mm。这个建筑规范中栏杆的标准尺寸，在满足上述要求的同时，也暗示了与人体工学的相关性。同时，这一尺寸被作为基本模数单位，除个别特殊情况外，在整个建筑体系中得到延展和整合。在1050mm基本模数的控制下，建筑得以按照一套清晰的逻辑体系，实现从内到外，从形式到功能的全面统一。

题凑布置经历了5次调整，从方案设计中的1300多根题凑减少到680多根，减少的题凑总长度超过2000m，既减少了成本，将题凑的功能、结构、成本进行了充分统一，也使建筑打破固有的外立面概念，形成点、线、面共存的有机整体。

设计逻辑与工具

设计的深化使得建筑的组成逻辑日趋严密。

原方案中，考虑到与地形的结合，建筑的部分外墙与题凑体系为斜向相交，这导致玻璃幕墙和题凑的交接关系很难处理，设计组为此进行了多次修改，效果仍不理想。崔愷总建筑师认为，建筑的整体组成关系，应该归纳到严格的正交网格体系中，斜向的幕墙被调整为折线形。而这种横纵交叉、严格模数化的设计原则，也使整个建筑的功能、构件都纳入统一的体系中。

同时，崔愷总建筑师希望进一步强化建筑下收上扩的态势，将建筑类比于深受重庆市民喜爱的黄桷树，题凑编织成的庞大树冠，如同树荫的遮蔽，界定出城市所需的公共空间。另一方面，他认为原有方案与山城现有的梯台、高差变化互动不足，要求建筑设计进一步加强与城市的联系，经过多次修改和调整，形成丰富的空间层次，一系列台阶、平台、展示空间充分展现了建筑与城市的互动性，使国泰艺术中心成为解放碑地区一处城市公共空间的交融点。

秦莹：原方案的建筑体量相对场地显得较大，深化设计的一个重要任务就是减小建筑的总面积，为适应场地条件而将功能空间高度集中。为避免单纯缩小后造成的使用不合理，设计团队针对所有的功能空间，特别是剧场、舞台、后台等重要空间和相关功能进行了重新划分和细致的梳理。各种功能之间的平台和阶梯的衔接也都一一进行了专门的设计。

由于城市设计已对建筑高度提出严格限制，建筑每一层的层高都被确定在非常有限的范围内，对于室内空间净空要求很高的剧场而言，为实现功能需要，所有的部件都在室内设计的配合下被控制在最小的高度内。

除了具体落实题凑的概念、完善平面功能外，由于项目在功能和形式上的复杂性，设计深化阶段面临的一个重要挑战，是用什么样的工具去表达建筑结构体系和题凑体系的建构关系。在传统二维空间的设计工具无法有效辅助设计的情况下，设计人员同时采用多种三维工具进行设计。

此时国内的三维建筑模型应用尚处于方兴未艾的阶段，ArchiCAD作为一款能直接参与施工图绘制的三维设计软件，被引入国泰艺术中心的项目设计中。为了适应项目设计的特殊需求，并确保与各专业的衔接，在扩初和施工图阶段，设计组针对这一个方案分为三组进行绘图：一组用3D MAX快速生成建筑模型，根据实时呈现的效果推敲形式，修改或删减题凑；另一组以3D MAX的模型为基础，建立准确的ArchiCAD模型，确保清晰地表达题凑体系的三维关系，通过在各个层高上的切分，转换为CAD平、剖面施工图纸；第三组则根据传统绘图习惯和其他专业资料需求，进行CAD施工图的完善绘制。

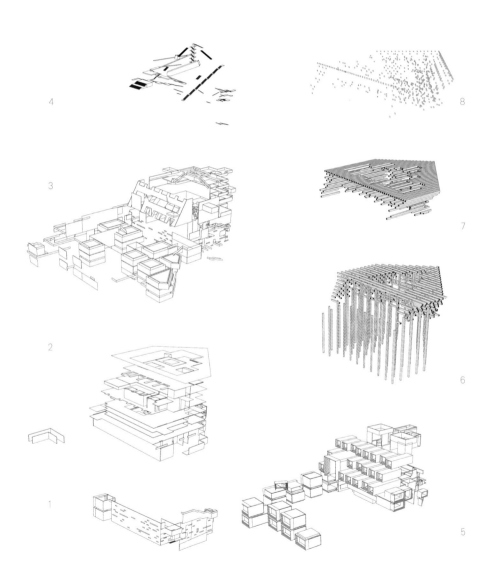

1 基座：向内围合出建筑室内公共空间，向外构成建筑檐下城市空间的实体界面。

2 楼板·墙体：建筑的主体承重结构，通过不同层高与结构体系的配合以满足功能需求。

3 幕墙：建筑面向城市空间的通透型界面，使建筑与城市相互交融。

4 城市阶梯：建筑檐下城市空间界面、各层功能出入口的主要垂直交通联系设施，结合不同标高观景平台，使人们穿行驻足于城市立体森林中。

5 大"题凑"：题凑主题造型的艺术展示、观演、城市观景与商业展示功能空间。

6 黑色小"题凑"：建筑题凑出挑空间的水平联系、出挑与竖向承重的构件，内含建筑设备构件。

7 红色小"题凑"：建筑题凑出挑空间的水平联系构件，与黑色小"题凑"隔层交叠，内含建筑设备构件。

8 "国泰"题头：小题凑构件的正方形端部截面构件，红面为"国"，黑面为"泰"，是题凑的"题头"，也是内部建筑设备散热通风处的口部装饰。

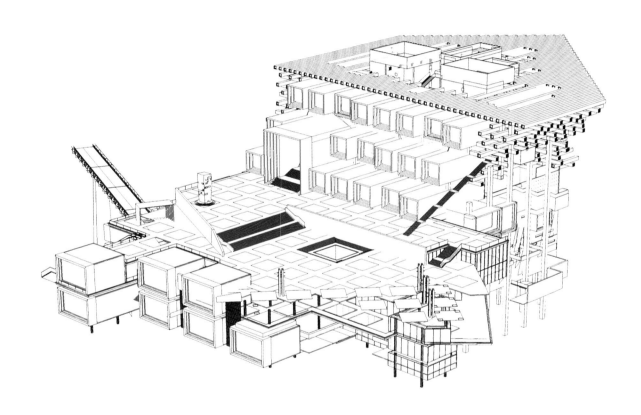

整体建筑

会呼吸的建筑

设备管线与题凑的结合，让题凑进一步融入建筑整体。通过与清华大学建筑学院江亿院士领导的团队进行合作，设计组决定采用先进的溶液调湿热回收的全空气空调系统，排风与进风管道均利用题凑的形式设计。该系统取消了冷冻水循环系统、冷却水循环系统，也因此节省了冷冻水泵、冷却水泵、冷却塔以及相关的管路投资。该技术在当时属于试验阶段的创新技术，应用不多，但尤其适合在高温高湿地区将效能发挥到最大程度。同时由于技术要求机房分散，有多个排风管道，也非常适用于题凑体系。

该设计以红色题凑用作建筑的通风系统，黑色题凑作为内蓄水的冷媒，两套构件共同发挥作用形成建筑外部生态节能系统，使得40%以上的题凑构件可以用作暖通管线，加之30%以上用作结构构件的题凑，整个建筑约有80%的题凑具备了实际使用功能，建筑的功能、外形和节能需求三方面得到充分结合。这样一个如"蚂蚁洞穴"般到处都有"通气孔"的空调系统，也让国泰艺术中心成为一座会"呼吸"的建筑，一个有生命的建筑。

遗憾的是，由于建筑本身已比较复杂，作为政府项目，成本也受到严格控制，加之政府项目的招投标体制要求必须有三家投标单位进行比选，但能够提供此项技术的只有一家单位，业主方最终决定放弃溶液调湿技术。

在确定使用传统的中央空调加新风系统的空调方案后，设计团队仍坚持贯彻题凑的功能化原则，经过多方讨论和修改，尽量将题凑构件作为机电进风、排风管道，并将水、暖、电管道与题凑充分结合。最终有20%的题凑容纳机电管线，使题凑的总体使用率达到50%以上，也算在一定程度上实现了最初的设想。

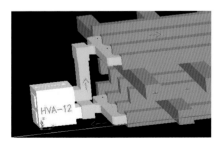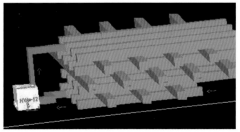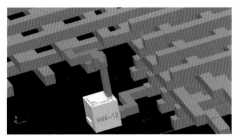

空调系统直接连接模型　　　　　　　空调系统分散连接模型　　　　　　　空调系统纵横向连接模型

重庆森林

与此同时，业主方为了保持解放碑绿色通廊设计的整体性，邀请中国建筑设计研究院对与国泰艺术中心毗邻的国泰广场进行城市设计。而将商业和文化建筑结合到一起，正是积极契合当代城市生活的一种做法。

重庆人早已为这个城市中即将出现的绿色空间赋予了一个贴切的名字"重庆森林"。城市设计因此将广场视作一片巨大的绿色平台，突出生态效应，并结合休闲和文化活动，为解放碑地区加入新的功能。景观通廊与江畔的洪崖洞历史街区相连，直抵嘉陵江，给解放碑打开一个呼吸的窗口。广场空间连同周边地区的改造，使得总公共开敞空间达到3万平方米。

城市广场如同一处地景建筑，成为重塑解放碑地区拥挤混杂的城市空间的契机。设计一方面结合城市高差，并与重庆的轻轨车站相连接，容纳大量商业空间，并注重室内外商业空间的结合，延续重庆传统的街道空间和购物模式；一方面以屋面与国泰艺术中心的入口广场结合起来，形成市民可游可想的绿色休闲广场和绿色廊道。商业空间中的绿色生态中庭也巧妙地连接了不同层面，将地下空间和屋顶空间在垂直方向上连通起来。

经过立体的联系，从广场，从城市街道，从城铁等各个方向到来的人流被引入国泰艺术中心，又导向城市的不同方向，使之真正成为城市融合的节点。在随后的商业开发中，国泰广场的建筑设计始终贯彻了城市设计的设计思路，基本的空间关系、功能布局和联系，以及各层标高和节点都基本延续了这一设计思路。

李存东（景观设计）：广场景观被分为三个层次，将绿色、人文和艺术元素融入其中。第一层是南侧"城市森林"，用成排的树阵和座椅来实现林下休闲，用题凑母题提炼的特色灯柱作为空间引导；第二层是中部的"城市广场"，以开敞空间为主，利用大台阶和自动扶梯与地下商业空间联系；第三层是美术馆前广场，通过轴线方向偏转将人流和视线引向美术馆主入口。三个层次的设定以及融于其中的设施、水景、雕塑等，将国泰艺术中心与城市有机地整合在一起，提升解放碑地区的空间品质。

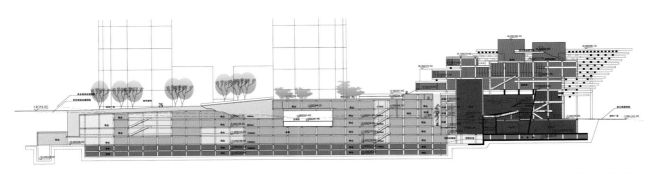

建筑与城市广场的互动

2008.10　混凝土结构施工

2009.4　主体结构施工全面展开

2010.9　钢结构施工进行中

2011.1　钢结构施工完成，第一组脚手架拆除

2009.6　主体结构完工

2010.3　第一组脚手架拆除，混凝土结构封顶，钢结构施工开始

2011.12　外饰面安装开始，搭建第三组脚手架

2012.8　外饰面板基本安装完成，第三组脚手架拆除

点亮城市的建筑

国泰艺术中心在林立高楼之间，露出红色的边角，带给人们方向感和归属感。

夏至 摄

总建筑面积约30463m², 其中:
· 国泰大戏院11650m²
· 重庆美术馆7650m²
· 地下车库及附属用房11550m²
· 建筑高度42.00m

· 整体建筑共10层, 地下3层, 地上7层。其中:
· 地下1~2层为小剧场
· 地下3层停车库
· 地上1~4层为大戏院
· 地上5~7层为美术馆

向城市开放

功能多样的建筑, 与城市的关系不再泾渭分明。通过调和与过渡、渗透与交融, 建筑承载了市民生活的多样性。

同时, 建筑没有增加解放碑地区的紧迫感, 而是通过空间、视线和景观等多方面解决现有的城市问题。界面的溶解、消失, 让这里成为城市活动的交融点, 也使得建筑不仅成为城市文化活动的载体, 也容纳了多样的市民生活, 成为展示当地文化的媒介。

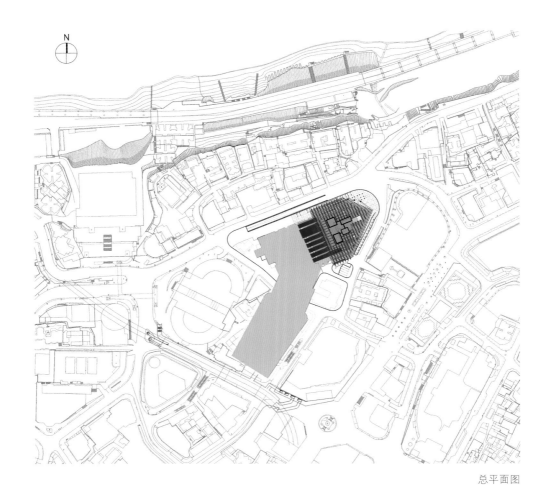

总平面图

在高层建筑的环绕下，建筑的屋顶延续总体构思，按照重庆传统聚落的尺度关系，与建筑的统一模数结合起来，形成了一个由光井、院落组合的屋顶广场，从周边高楼俯视，似乎还能找到历史上的重庆残存在心中片断的回忆。

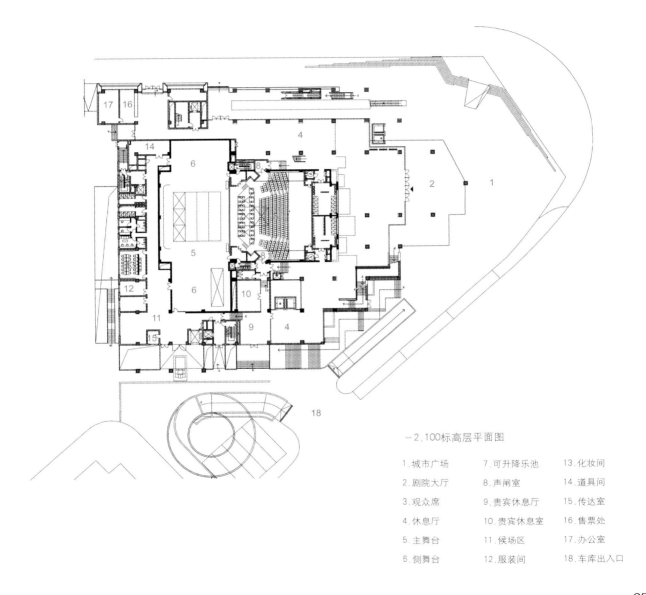

−2.100标高层平面图

1.城市广场	7.可升降乐池	13.化妆间
2.剧院大厅	8.声闸室	14.道具间
3.观众席	9.贵宾休息厅	15.传达室
4.休息厅	10.贵宾休息室	16.售票处
5.主舞台	11.候场区	17.办公室
6.侧舞台	12.服装间	18.车库出入口

建筑与城市之间，形成若干内外空间联系的流线，这些城市活动的交叉经过建筑组成部分的外化，产生多样而开放的城市界面。在建筑外部，城市道路与建筑实现无缝连接；在建筑内部，则着重体现城市与建筑的融合，并照顾到与江对岸的对景关系、与广场及城市阳台的衔接、与城市广场的互动，以及商业与艺术的交融等各方面，注重从城市街道的不同方向、不同标高与建筑的呼应对景以及建筑内部面向城市的视野设定。

李静威：题凑的数量和形式同样体现对城市的呼应。考虑到沿滨江路一侧挑出的题凑可能会对道路造成压迫感，我们适当减小了出挑长度，并使出挑主要集中于建筑上部，在颜色上以黑色题凑为主，降低了视觉冲击。

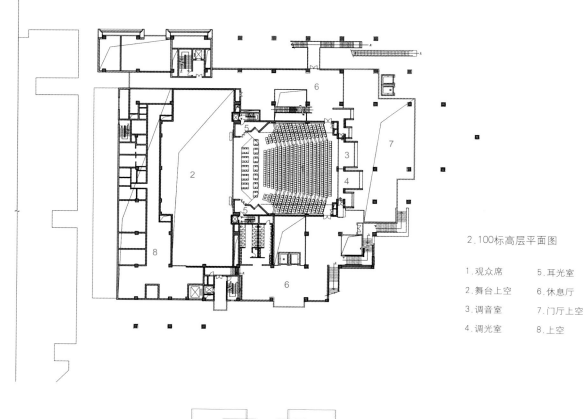

2.100标高层平面图

1.观众席   5.耳光室

2.舞台上空   6.休息厅

3.调音室   7.门厅上空

4.调光室   8.上空

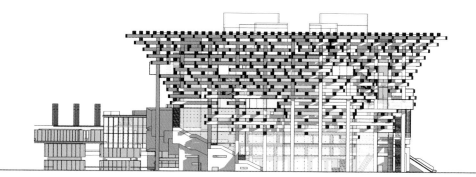

东北立面图

与城市互动

集剧院、美术馆、电影院等功能于一体的国泰艺术中心，成为解放碑和渝中半岛重要的城市文化建筑。身处高密度的商业空间包围中，它从城市形态、建筑的标志性、功能聚集等方面出发，激发城市活力，尝试"复兴"老城区。在开放的前提下，建筑与市民产生充分互动，没有被塑造为封闭的雕塑，而是成为多层级开放的文化平台，通过功能组织令市民能够积极参与其中，并通过空间和流线的设计强化这一关系。

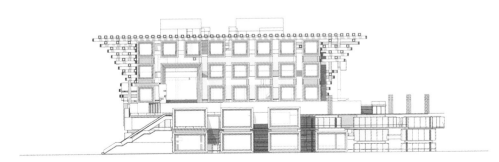

西南立面图

位于原重庆市公安局大院里的"真元堂"（中英联络处）旧址，得到了保留和修缮，将作为重庆近代历史博物馆。它与国泰艺术中心一老一新，相互映衬，记述着这座城市的变迁和发展。

从功能上看，国泰艺术中心的剧院部分主要在晚间使用，美术馆则与其互补，使用时间集中在白天。与城市衔接的商业广场，将商业功能与文化功能有效贯通，也加强了剧院和美术馆之间的互补性。

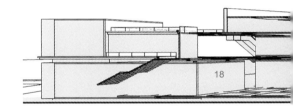

多样的功能

可容纳800人的剧场以演出音乐歌舞剧为主并兼顾传统地方戏剧，设置在一至四层。美术馆以展示传统的国画、油画、版画和小型雕塑为主兼顾摄影和人体艺术等，设置在五至六层。其主入口位于五层，由国泰广场屋顶进入。300座音乐厅和多功能厅等设置在半地下室，直接以由场地高差而形成的下沉广场作为主入口。

设计根据功能合理分层布局，组织各功能之间的关系以及人流、车流、物流。结合分层布局还最大化地拓展了室外空间的立体交通，既有效地组织人流又丰富了空间的艺术形态，彼此呼应、相互渗透使内外空间更加和谐自然。

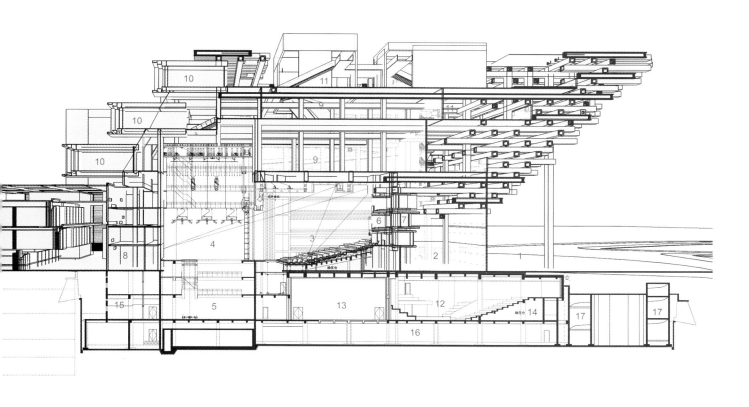

1-1剖面图

1.城市广场	7.休息厅	13.多功能厅
2.剧院大厅	8.化妆间	14.静压仓
3.观众厅	9.美术馆展厅	15.职工餐厅
4.舞台	10.美术馆精品展厅	16.地下车库
5.台仓	11.屋顶平台，室外阳台	17.地下车库汽车坡道
6.包厢	12.音乐厅	18.城市广场商业设施

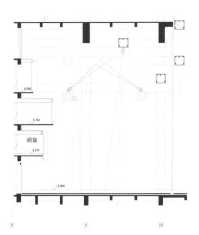

门厅立面详图

对重庆文化的表达从建筑外观延续至室内空间，构成内外表达高度一体化的建筑。经由主入口前的文化广场步入剧院门厅，映入眼帘的首先是极具视觉冲击力的大型红色题凑，作为门厅的视觉焦点和包厢休息厅，它们也是剧场内包厢形式的外化反转。门厅内同时装饰有老国泰戏院的剧照和演员的照片，记载过往的历史和文化。

秦莹：我们希望室内空间尽量避免吊顶，将结构暴露出来，才能避免室内空间太矮而过于压抑。这也促成了将题凑引入室内而强化内外联系的设计思路。

张晔（室内设计）：国泰艺术中心业主方的张枫总经理在与我们合作之初，就表达了对"题凑"这一工法的重视和深入理解，希望能够将其作为整个设计的主旨，贯彻于建筑整体。我们很认同这种室内外设计相互贯通的方式，经过和崔总的商量，下决心在室内继续深化"题凑"这一主题，引入了一系列"大题凑"与各种细节设计中杆件的组合方式。统一在这样一个鲜明的设计主旨下，也让建筑各方面的设计效果都得到了保障。

大剧场为800座规模，以重庆人民喜闻乐见的话剧与杂剧表演为主。设有活动座椅和固定座椅，左右及后侧设有两层包厢；舞台以镜框式突出舞台为主，根据剧目要求，可以变换成传统的茶座式看台和现代T型舞台，还可以结合升降乐池和活动座椅，形成贵宾观赏区，实现多功能转换；在侧台的上方设置了两个排练厅、一个录音棚，既可供内部演出排练之用，也可预留给商业互动、互利，为后期的商业开发奠定了基础。

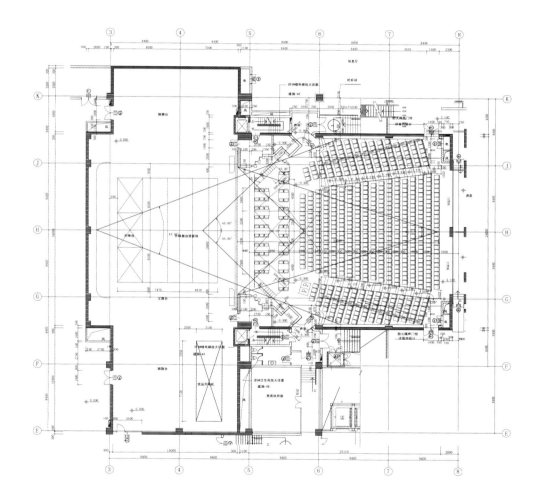

剧场平面详图

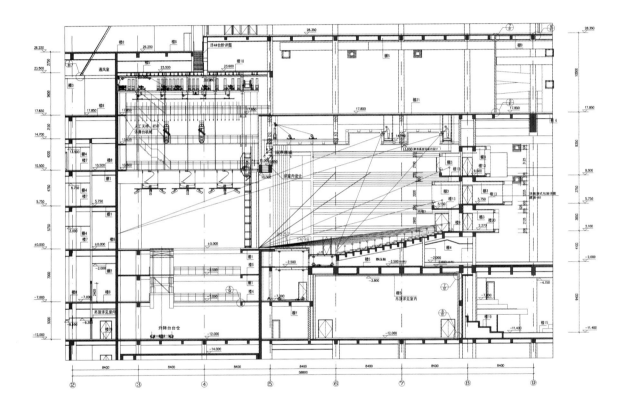

剧场剖面详图

秦莹：由于建筑体量有限，留给剧场后台的空间很小，需要保证各个空间功能合理，我们就从高度上入手，设置了很多夹层，充分利用了有限的空间。

张晔：我是在重庆上的大学，希望通过在设计中表现出重庆五光十色、多姿多彩的生活场景。一方面，室内开放空间强化题凑从外而内的渗透，另一方面，建筑中几个封闭的功能空间则装载不同具有重庆特色的场景，表达各自的功能属性。

剧场的室内设计，我们希望有别于通常的做法。重庆传统的文化生活都是比较世俗，我们不想把剧场做成象牙塔，而是要有点世俗化，像茶馆和戏楼。剧场内以题凑盒子的形式设置了大大小小不太规则的包厢，如同茶楼般有了上下空间的对话。

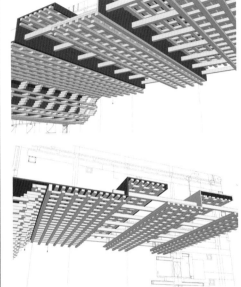

剧场顶面设计模型

张晔：剧场顶面的设计，延续了杆件的高低交错，表现传统木结构建筑组成方式。这其中我们修改了多次设计，既希望充分表达构件相互交叉、搭接的立体感，又要避免遮挡面光。

构件凹凸变化的设计有利于声环境的塑造，经过与声学顾问公司的进一步合作，我们研究确定了构件详细尺寸，并配合声学需要将构件搭接关系延续到墙面上。从建筑概念的引入，到构造关系的梳理，再到声学设计的协调，剧场的室内设计达到了诸方面的统一与协调。

为了避免墙面构件过于敦实的感觉，我们对构件端头采取了虚化，选择了重庆市的市花山茶花作为纹样，增加"民俗味"。饱满、细致的重瓣山茶花纹样，以镂空的形式透出内部的灯光，也使室内效果显得更为生动。门厅内墙面饰有大面积连续的山茶花纹理，衬托于黑色彩釉玻璃之上。反光的黑色材质虚化了界面，为金色花缦增添了漂浮感，强化了重庆特有的那种浓重、绚丽的特质。

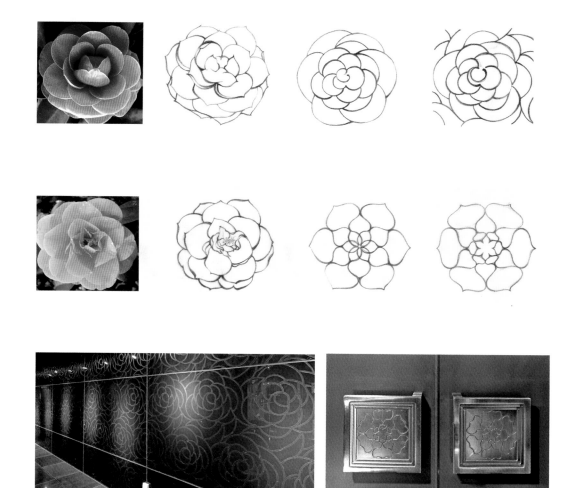

从重庆市花演变而来的纹样

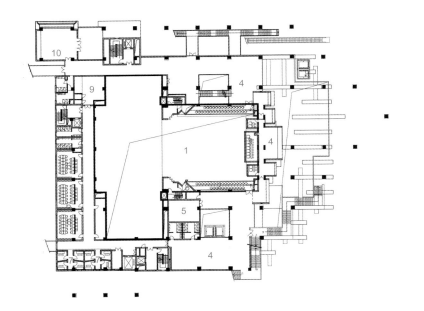

5.750标高平面图

1.舞台及观众厅上空	6.化妆室
2.楼座	7.琴房
3.包厢	8.耳光
4.休息厅	9.控制室
5.空调机房	10.咖啡厅

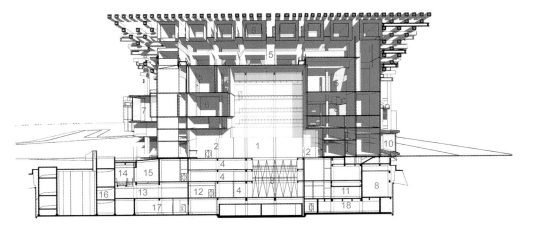

2-2剖面图

1.主舞台	10.办公室
2.侧舞台	11.中化妆间
3.升降台台仓	12.准备间
4.台仓	13.自助餐厅
5.展厅	14.门厅
6.音乐排练厅	15.室外广场
7.舞蹈排练厅	16.汽车坡道
8.空调机房	17.库房
9.会议厅	18.地下车库

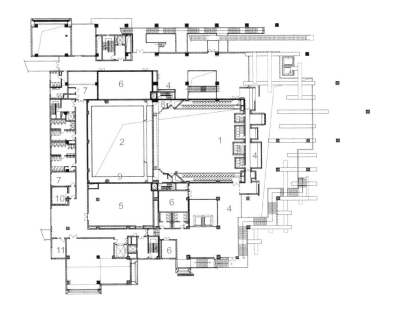

9.500标高平面图

1.观众厅上空　　　7.控制室

2.舞台上空　　　　8.功放室

3.包厢　　　　　　9.工作天桥

4.休息厅　　　　　10.录音室

5.音乐排练厅　　　11.传达室

6.空调机房

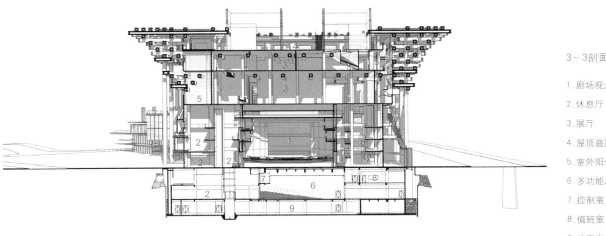

3-3剖面图

1.剧场观众厅

2.休息厅

3.展厅

4.屋顶庭院

5.室外阳台

6.多功能厅

7.控制室

8.值班室

9.地下车库

大剧场的东西两侧各层设置了休息厅、艺术沙龙、酒吧和艺术品展廊，希望通过这一多功能空间，实现专业人士、戏剧爱好者和观众之间文化艺术的交流，也为戏院多方面展示自身形象提供了可能。顶棚上的一组组光井，同时也将室外屋顶的形式投射到室内空间中。

地下室预留通往国泰广场地下商业街的通道，人们走出轻轨站，便可经由国泰广场的商业空间，直接进入国泰艺术中心，亦可转由半室外坡道通往室外的入口广场。多样的步行系统与城市功能紧密结合在一起。

音乐厅为350座规模，可以进行合唱演出，全部为自然声设计，未使用任何扩声器材，即使坐在最后一排也能确保最佳声学效果。

张晔：音乐厅相对于建筑其他部分功能较为特殊，我们赋予它更为自然雅致的效果：以重庆三峡风景为设计灵感，有"石头"，有"山谷"，音乐就像在其中流淌的水流。吊顶采用"三峡石"的色彩与形态，以木色调与转折的表皮结构关系暗示山川的关系。

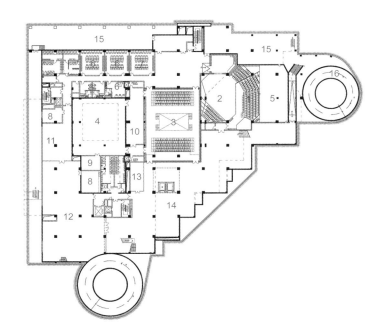

−12.000标高平面图

1. 音乐厅观众席　　9. 舞台机械

2. 音乐厅舞台　　　10. 库房

3. 多功能厅　　　　11. 职工餐厅

4. 台仓　　　　　　12. 自助餐厅

5. 静压仓　　　　　13. 商店

6. 化妆间　　　　　14. 休息厅

7. 抢妆间　　　　　15. 空调机房（基坑护坡空间）

8. 准备间　　　　　16. 地下车库车道

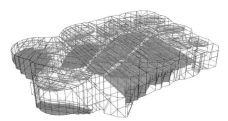

音乐厅体积

表演四重唱时的声覆盖（2dB(A)/色差）

重庆美术馆定位为中型美术馆，主要承接国内外工艺美术品的展览和举办各类文化艺术交流活动。美术馆的主入口设在建筑17.850m标高层，面向西南文化广场一侧，两层空间组成，通过8.4m×8.4m大开间的布置让美术馆灵活隔断。

夏至 摄

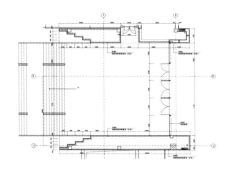

美术馆主入口题凑平面图

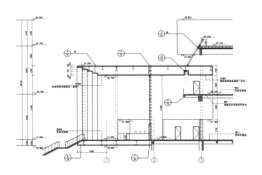

美术馆主入口题凑剖面图

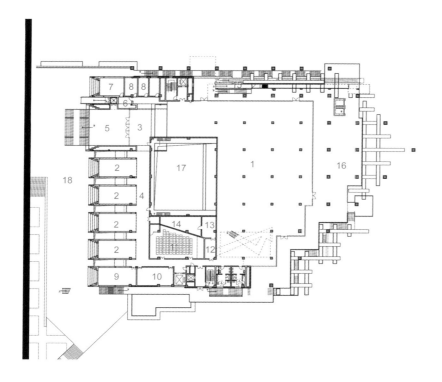

17.850标高平面图

1.展厅
2.精品展厅
3.门厅
4.展廊
5.入口平台
6.售票处
7.管理用房
8.办公室
9.贵宾接待厅

10.周转库房
11.会议厅（兼作临时库房）
12.值班室
13.鉴赏室
14.精品库
15.坡道
16.室外阳台
17.舞台上空
18.城市广场屋顶平台

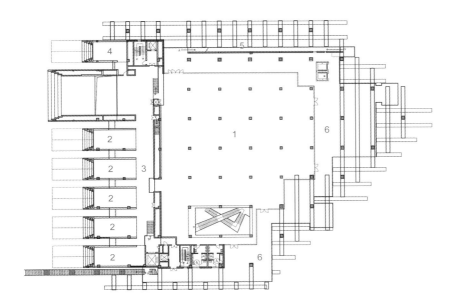

28.350标高平面图

1.展厅

2.精品展厅

3.展廊

4.办公室

5.坡道

6.室外阳台

美术馆的首层层高为10m，二层也达到了6m层高，给巨幅美术与雕塑作品的展示留下了充足的空间。美术馆展厅的室内设计克制静谧，空间退居为背景，成为美术品展示的极佳舞台；在预留的屋顶雕塑空间中，光线透过序列排柱式题凑留下的光影效果，与展示的雕塑作品交相辉映，创造出独特的文化艺术空间。

巨大的红色楼梯从美术馆底层盘旋蜿蜒，穿越高达10.5m层高的空间，到达美术馆二层。经过巧妙的设计，整个楼梯看似仅依托于一根柱子而立，一气呵成，成为空间的视觉焦点。

底部的工字钢梁进一步加强了升腾而上的态势，如盘龙，如飘带，在美术馆规则的室内空间增添了生动的一笔。

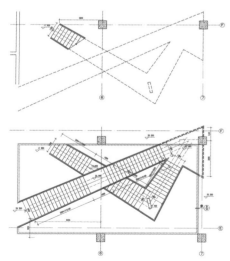

美术馆大楼梯平面图

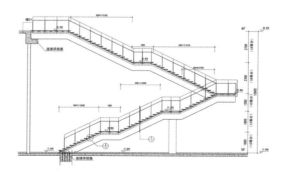

美术馆大楼梯剖面图

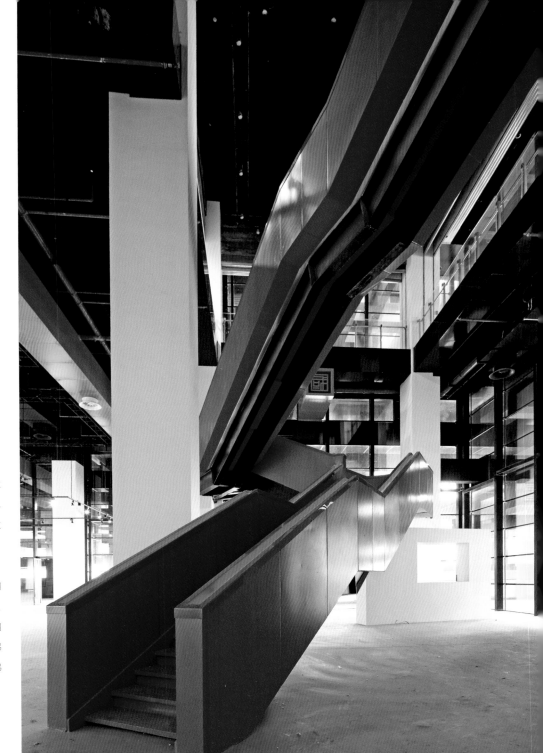

秦莹：屋顶平台原本设有底部透明的水池，可以将天光引入美术馆，但在施工图设计中，这一设计被取消了。美术馆室内空间因此显得比较空旷，我就想到采用以室内楼梯活跃气氛。美术馆的空间非常规整，楼梯应设计得曲折有趣，因此采用了非常张扬的形态。我们将工字钢梁设于楼梯中间，其外露的效果增强了楼梯向上攀升的态势。

第五立面

屋顶平台的灰空间可供人们漫步、休憩，透过题凑间不规则的空隙，遥望城市，远眺嘉陵江，壮丽景色尽收眼底。从艺术到城市与自然，建筑成为其中的载体。

在这样一个高楼林立的环境中，屋顶成为建筑完整的"第五立面"，人们可以从屋顶休憩平台观赏不同角度的城市景观，从周边建筑也可以清晰地鸟瞰屋顶所呈现的建筑形态逻辑，二者的互动强化了建筑与城市的关系。

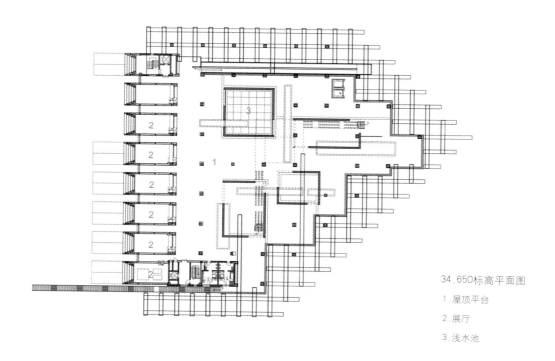

34.650标高平面图

1.屋顶平台
2.展厅
3.浅水池

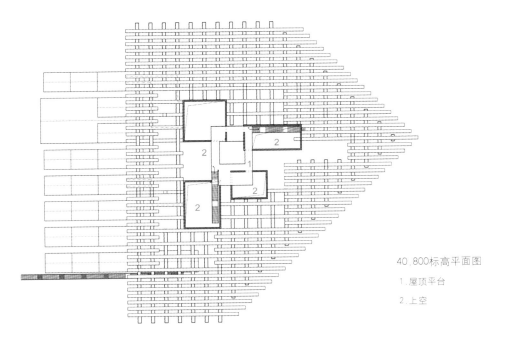

40.800标高平面图

1.屋顶平台

2.上空

山城步道

建筑以开放的界面，吸引人们从城市街道的不同方向，不同标高进入建筑。入口广场、廊下、休憩平台、室外楼梯、滚梯和坡道，共同构成复杂而立体的半公共空间，为人们提供在建筑和城市之间游走的体验，并将这一文化建筑与周边商业对接，形成互动。

按照原设计，滚梯全部设置于柱廊内，但由于端部空间有限，难以排布。崔总决定让滚梯悬挑出来，既解决了设计问题，也更生动地表达了重庆传统街区中建筑和山城步道的有机关系。

"上小下大"的空间格局，使建筑产生很多重庆山城常见的平台。我们将若干平台空间相互穿插，并在局部插入和悬挂玻璃盒子，通过坡道、楼梯、扶梯等方式相互联系。

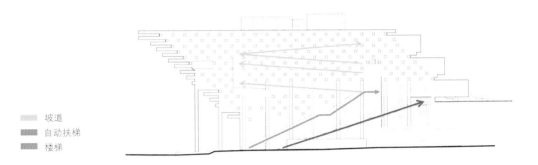

坡道
自动扶梯
楼梯

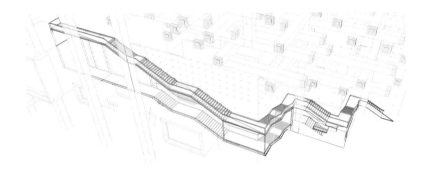

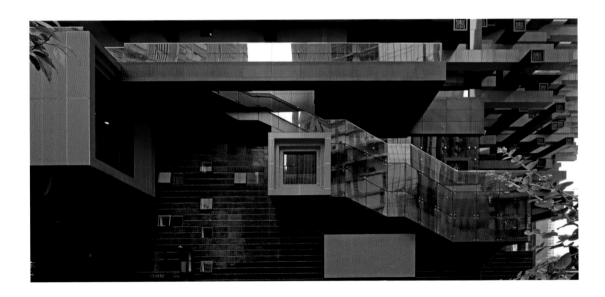

针对底层面积难以容纳众多疏散楼梯的问题，崔愷总建筑师在建筑东南立面创造性地提出了"之字形剪刀梯"的概念，把通常的单跑剪刀梯三维化，在一个位置同时解决了两个疏散楼梯的布置。

技术成就建筑

独特的建筑理念带来独特的实施方式，也在方方面面
为设计者、建造者和管理者造成前所未有的挑战。建
筑的成功来自技术的不断突破和创新。

建造中的挑战

国泰艺术中心的外形独特，内部功能复合多样，所处城市位置又非常特殊。在长达六年的建造过程中，以设计方中国建筑设计研究院，业主方重庆地产集团、重庆市城市建设发展有限公司，施工方重庆建工集团，以及参与项目幕墙设计施工、装饰工程、声学工程和舞台工程等众多机构组成的项目团队，共同面对大量建造中的挑战，克服困难，最终实现了较高的建筑完成度。

国泰艺术中心的结构体系主要采用框架混凝土剪力墙结构，局部区域采用大跨重型转换桁架和悬挑空间桁架的钢骨混凝土结构，题凑设计为顶部持力的悬挂结构。建筑创新性的设计理念和与城市紧密联系的复杂功能体系，给建筑的设计和建造带来了多方面的挑战。

其一，市中心密集的功能需求和狭窄的场地，使得国泰艺术中心的三个主要功能——小剧场、大剧场和美术馆不得不呈现为一种竖向叠加关系，大空间的剧场在下，小空间的美术馆在上，给结构设计和施工造成巨大难度，音乐厅位于地下，则不利于建筑疏散设计。多种类型的功能空间叠加（包括地下停车库、设备用房、小音乐厅、大剧场、美术馆、市民活动空间等），决定了建筑需要进行多次结构转换，同时具有大开洞、大跨度、大量错层等一系列不规则因素，其结构设计和施工难度甚至接近桥梁建造的水准。

其二，作为建筑的基本组成构件和特点的"题凑"，是纵横交错的杆件体系，也是建筑成功与否的关键，其独创性使得从设计到施工，从构件的加工、运输到现场预起拱的控制、安装、卸载，再到材料的选择，构造的确定，后期的维护，每一步都会面对很多以往从未出现过的问题。

其三，作为公益性项目，其建造必须在严格的造价控制下进行。最初，结构设计采用了全钢结构框架体系的方案，可以使结构各部分连接比较方便，整体延性也比较好。但出于节省造价的原因，应业主要求修改为主要采用框架剪力墙结构，局部区域采用大跨重型转换桁架和悬挑空间桁架的钢骨混凝土结构，小题凑设计为顶部持力的悬挂结构。钢结构主要用于室外的题凑、西侧大挑台、观众厅上部转换桁架、其他转换钢骨梁和部分钢骨柱。如何保证各部分之间的连接可靠成为施工图设计和施工中的重大问题。需要设计团队对各连接节点进行分析，确保传力直接有效。

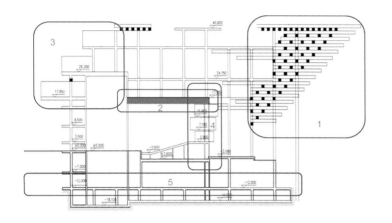

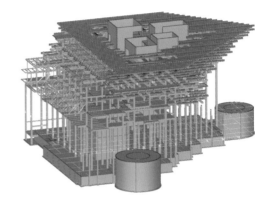

结构体系方案： 12.000以上钢框架（钢柱、钢梁、混凝土楼板）
－12.000以下钢筋混凝土框架
17.850标高处（大剧院上方）设置转换桁架
结构难点：1.题凑桁架；2.转换桁架；3.美术馆悬挑结构
4.剧场包厢结构；5.嵌固位置

结构三维模型

崔树荃（业主方负责人）：在设计之初拟定的方案是采用全钢结构，后来为了满足政府对造价的严格控制，我们要求修改为钢混结构以节约费用。这其中的技术难度非常大，但设计院没有只考虑自身需要，而从业主的实际情况出发，经过详细的研究，攻克了很多技术难题，节省了大量经费，出色的设计也获得了"中国建筑工程钢结构金奖"。

施泓：国泰艺术中心的建筑比较复杂，在施工图设计之初，我们决定选择延性较好的钢框架结构。经过计算各项指标基本得到满足，只要在必要的地方加些支撑即可。但在设计深化过程中，业主方提出需要"减负"。为此我们专门邀请多位结构专家开会商讨，结论是考虑到资金的限制，可以更改为以钢筋混凝土结构为主体，在必要的地方加入钢结构。修改给工程的设计增加了很大的难度，我们重新进行了一次扩初设计，实现了混凝土结构和钢结构的合理结合。

赵永波（业主方施工负责人）： 从我们选定中国院的方案时，就知道这是一个比较难的设计，选择这个方案，就是要接受挑战，有充足的思想准备。技术上的事情怎么都能解决，最关键的是如何把项目的建设推进下去。同时，解放碑也是重庆市最繁华的市中心，出现安全事故后果不堪设想，我们要求在这方面一定不能有任何闪失，每个步骤都需要精心准备。

凌成明（业主方施工负责人）： 对于国泰艺术中心这个项目，可能一个很小的工艺、技术衔接都会出现施工上的难题。因为它和其他的建筑太不一样了。我们最开始看方案设计的时候就觉得建筑的实施过程会很难，已经有了心理准备。但真正到了施工过程中，才发现其中还是有很多困难是之前没有估计到的。

同时，建筑的复杂性和城市核心区的地理位置，也给建筑的具体施工造成若干困难。

其一，项目地处解放碑商业中心地带，高层建筑密集，人员众多，施工场地范围限制较大，重型钢结构桁架、空调冷却塔等部件的吊装，都需要施工团队的严密计算和谨慎操作。

其二，钢结构安装量大，并与土建结构同步混合施工。工程设计大量转换层，特别是33m的重型钢结构转换桁架和西侧大"题凑"悬挑12m组合空间钢桁架的安装与土建混凝土结构施工同步交叉进行，这给现场施工组织带来了比较大的困难。

其三，大量的题凑杆件、复杂的空间结构、平台楼梯的相互穿插等因素导致建筑多界面、多标高，如何清楚地交接，以及避免和减少误差是施工中面临的巨大挑战。

其四，测量控制要求高。由于结构部分为钢骨及钢筋混凝土混合结构，重型转换桁架固结时必须考虑温度影响，并且小"题凑"为空间三维结构，对测量控制的方法和测量精度提出了更高要求。

其五，建筑与国泰艺术广场的统一规划设计，使得建筑上部的重庆美术馆需要以国泰艺术广场屋面即标高为15m的室外平台作为主入口前的公共空间，需待广场建成后方能使用，二者施工取得一致。而后者的设计、建造又需要与业主的商业开发结合起来，导致施工周期大大延长。

施工场地地处解放碑闹市区，工作面狭小，限制条件较多。

赵永波：当代建筑的功能和造型都越来越复杂，建造中的挑战越来越大。很多项目的施工都必须由设计单位和施工单位紧密配合。施工中的吊装方式、提升方式和提升模架等施工措施，设计院不可能知道，必须由施工单位去做，在他们确定措施后，又必须与设计院沟通，对结构体系进行必要的调整。工程对施工单位的计算能力和设计单位对现场措施的应用把握，都提出了越来越高的要求。

建筑的实现过程非常复杂，不是说结构工程师把图画出来就够了。项目所有涉及施工荷载和主体结构安全的结构验算由中国院的结构工程师做出，施工过程的工况荷载验算是施工单位完成。设计单位和施工单位必须紧密配合，否则就没办法实现建筑。

凌成明：建筑的施工难度大，所需要的工艺也很复杂，因此造成参与建造的单位很多。除了一般的建筑、结构、装饰，还有剧场的舞台、灯光、音响等工艺需要专业的团队。单位多了，工艺和工序的衔接很重要，如果管理跟不上，就会影响成本和工期，这也使我们公司的工程管理能力得到很大的提升。

施泓：题凑间的玻璃盒子和挑出的平台，其出挑的位置或形状并非规则的，因此需要经过详细的设计。下用题凑承托，上用题凑悬挂，并在合适的位置增加连梁，与周边的柱子相连接。

景泉：整个建筑的外饰面板材都放在一起，相当于270m超高层的面积，在某种程度上，复杂程度甚至超过了鸟巢。构件的室内外渗透关系比较丰富，但由于需要室内外的各个部分都实现交圈，无形中增加了很多施工节点。

李静威：重庆地区的地质条件属于岩石基础，地基承载力很大，在施工中采取了特殊做法，施工完成后没有将基坑回填，我们因此将建筑外墙与基坑边界的缝隙利用起来，将这些空间作为设备机房，放置设备，解决了基地工作界面过小，空间不足的问题，也算结合当地情况的一种很"重庆"的做法。

凌成明：我们为做题凑搭了三遍脚手架，做混凝土结构的时候一次，钢结构题凑时一次，做外饰面的时候又搭了一次。都是40多米高的用于支撑的满堂架，而不是一般工程的外用防护架。为什么要搭这么多次脚手架？因为这三者对脚手架的需求是不同的。做钢结构不仅需要支撑架，还要做出工作平台，为工人提供施工的场所，而且箱式钢结构的重量比较大，需要比较密的支撑架。安装饰面板的时候，板材要能在脚手架的缝隙中穿梭提升，不能用太密的脚手架。这些在施工单位没有做出施工方案前，光看图纸是预计不到的。

赵永波：空调主机螺杆机是施工中整体配合的一个典型例子。空调主机应位于建筑顶部标高44m处。11t的主机原本不算重，但在有限的场地内，只能使用7235型塔吊，塔吊的端头能承受3500kN·m的扭矩，但主机位置与塔吊有45m的距离，距离乘以近110kN的质量，产生近5000kN·m的扭矩，超过了塔吊的最大抗扭承载力。因此需要空调厂家、空调安装、施工方、塔吊方、设计院等各单位的高度配合，让厂家把空调主机里能卸的荷载都卸掉——主机是由一个8t和一个3t的机器组装的，先把3t的拆掉，放掉冷媒，拆掉零件，重量减少到5.9t。称重确认后先进行试吊，用水箱装上6t沙子进行试验，确定塔吊不会倒后再正式吊装。吊到需要的高度后再在设备下面加滚筒，通过人力把6t的空调主机推过去——确保这一步骤能实施的前提是，结构工程师经过测算，确定屋面井字梁能承受这么大的荷载。

小题凑：建筑要素的实现

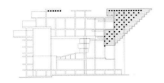

国泰艺术中心最为重要的建筑语汇，就是32层共计680余根题凑。这些构件为建筑相互垒叠、交错的独特态势，同时被赋予各不相同建筑、结构、设备等方面的不同功能，也因此成为整个建筑从设计到施工全过程中最为关键的要素。

建筑外部的32层题凑，以悬挂式结构为主，但其中又可按受力差异分为两组。

上部16层主要采用悬挂式结构体系，以顶部3榀桁架作为受力层，形成高3.15m的空腹钢桁架，悬挂下部题凑，题凑的布置方式按照"上部完整，下部适当减少数量"的原则进行。为保持完整，受力桁架需延伸至室内空间，建筑及结构专业为此进行了反复推敲，避免桁架高度与空间使用产生矛盾。

下部16层题凑，同时由于层层后退的题凑形态使得底部题凑难以找到足够的悬挂点，主要采用与主体混凝土梁、柱连接的做法，既减少悬挂负担，同时协助支撑上部题凑。

上部的16层题凑，每4层设有一个次受力转换层，即位于楼板标高上的题凑层与主体柱、梁连接，可协助悬挂或承托其他题凑。

其他各层题凑遇有受力不均匀处，在视线不可见位置增加吊杆，减少结构超静定次数，减轻了施工顺序对结构计算的影响，形成整体较为清晰的传力模式。

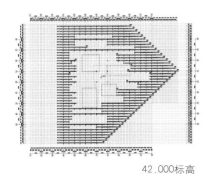

42.000标高

40.950标高

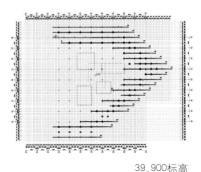

39.900标高

顶部三层受力题凑平面图

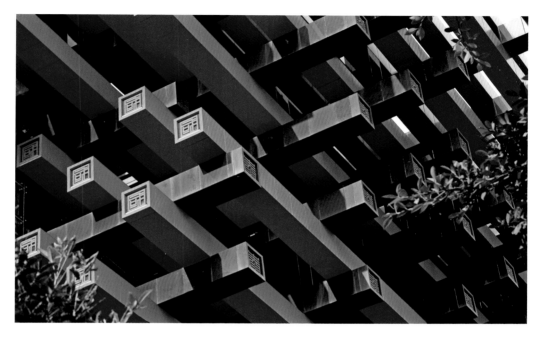

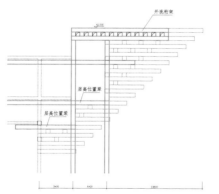

悬挂结构

结构层题凑起拱前

结构层题凑起拱后

为节省结构用钢量，控制结构自重，杆件根据结构受力状态分成3种模式：上部3层高受力空腹桁架采用实腹钢板围合，每延米用钢量约800～1000kg；次一级受力构件采用小矩形钢管桁架，每延米用钢量约100～400kg；杆件末梢或不受力部分采用小角钢桁架，每延米用钢量约40～60kg。同一根杆件可能存在上述3种模式中的2种甚至3种。

由于杆件种类众多，排列方式各异，结构设计为此独创了结构杆件的表达方式。将各部位杆件截面以编号代替，并以一种特定的顺序排列组合，加之节点构造详图，以期达到设计、表达、施工的统一。由于节点安全应高于杆件，为确保安全，我院与重庆大学合作对题凑节点进行了1：1比例实验，实验结果证明节点具有足够的安全度。

题凑的安装以混合支承体系作为支撑。按照先上后下，先结构层后悬挂层的顺序分层安装。上部结构层安装完成后与支承体系共同持力，用以分段吊装下部悬挂题凑。悬挂题凑安装完成后进行型钢支承的卸载。整体变形稳定后，将室内题凑与悬挂题凑连接完成安装。

施泓：题凑安装的难点，在于钢结构和混凝土结构之间的连接。开始想把支撑柱做成钢骨柱，但由于需要包在混凝土内，钢骨的尺寸只能在600mm内，很难承受顶部900mm×900mm的题凑构件。经过与施工单位的商议，他们提出在题凑与混凝土相交处设置可调节的铰支座。

赵永波：悬挑的题凑构件需要先搭胎架支撑，把钢结构焊好后再释放荷载。为了抵消未来的沉降，结构设计中做了8cm的预拱，而施工过程中的工况和运行过程的受力状况完全不同，在胎架卸载时支座仍需保持可变，通过现场测量可调节3～5cm的误差再进行焊接固定，同时铝板幕墙厂家也予以配合，在外饰面安装中追回1cm误差。在设计院、施工单位和幕墙厂家的合作下，最终实现了题凑横平竖直的视觉效果。结构工程师因此不仅要完成图纸，还要进行所有涉及施工荷载和主体结构安全的结构验算，施工单位则负责施工过程的工况荷载验算，通过二者的紧密配合才能满足建造要求。

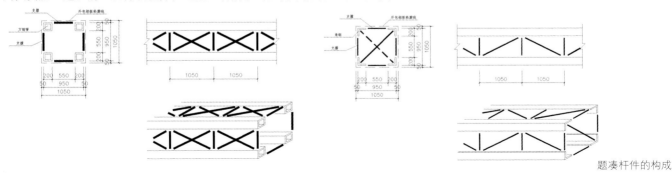

题凑杆件的构成

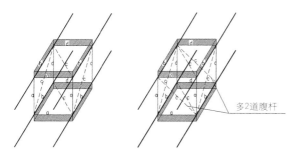

多2道腹杆

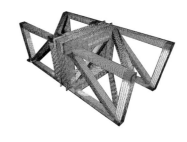

题凑杆件的表达

题凑构件的受力分析

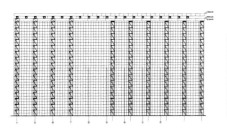

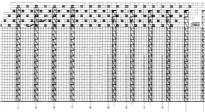

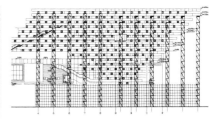

1 混合支撑系统搭设；
2 上部3层题凑结构层的安装，主要依靠型钢支撑和碗扣式脚手架混合支撑系统平台承重，利用塔吊吊装；

3 悬挂题凑的安装，型钢支撑保持不变，分层降低脚手架平台，利用上层已安装题凑为吊挂支承，逐层转运安装；

4 型钢支撑分步卸载；
5 室内题凑与悬挂题凑最终连接，完成安装。

悬挑题凑构件的外饰面材料的选择是一个漫长的复杂过程，前后经历了1年多的时间。重庆地区多雾霾，气候条件高温高湿甚至常有酸雨，因此要求室外材料具有良好的自洁性、耐久性和耐腐蚀性。

在方案投标时，最初考虑使用铝单板作为饰面材料，相较通常使用的钢板具有更好的耐候性。但铝板在平整度方面难以达到题凑所需要的效果。

随后，设计人员也考虑过采用竖向及斜向肋型板，但肋条形成的明显肌理与题凑的模数、尺寸和层高的协调有可能造成诸多不协调，为避免表面肌理对建筑统一的模数感造成干扰，最终放弃了这一材料。

多次论证和探讨，蜂窝铝板成为合理的外饰面材料。蜂窝铝板强度较高，且外观平整，比较适用于题凑的构建和相互搭接。单件蜂窝铝板最大尺度达9m高，以减少材料接缝，也避免一些直接与地面接触的题凑发生变形或被破坏。选择蜂窝铝板也与其使用的滚涂工艺有关。相比喷涂方式，滚涂工艺在漆面的附着力、耐久性、自洁性、颜色、光感等方面的表现都更好，尤其是可以产生题凑外观所需要的高光效果。

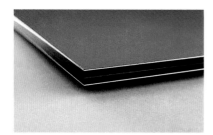
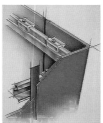
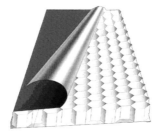

铝单板　　　　　蜂窝铝板

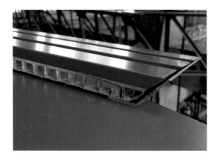

通过对比，在肋型板、平板和具备砂岩冲刷纹理的红色板材中选择了纯色平板

重庆高温高湿，黑色作为建筑用色并不少见，但红色就很容易显得"燥"。因此，板材的漆面处理也经过了反复试验和比较，以不同的亮泽度与红、黑两色进行组合，最终决定红色题凑设计选用为中国红亚光色，黑色题凑为亮黑色内掺10%的银粉。在红色亚光板与黑色亮光板的组合中，红色题凑能够防止高反射度带来的焦躁感觉；黑色题凑也能够映衬热烈的红色题凑，不至于呆板，"你中有我"的效果也增加了建筑的立体感和肌理的相互渗透。随后，设计人员还进行了漆面反射度的试验和调整，确保映衬感达到最佳效果。国泰艺术中心建成后，红黑相间的题凑在常年雾霾笼罩的城市中成为一抹亮色，很受市民欢迎。

酸雨、高湿的环境条件对题凑构件的防腐、防水处理也提出了很高要求。根据重庆的环境状况，国泰艺术中心的钢结构防腐需按照C3环境，即中等腐蚀条件进行处理。为保证防腐涂装保护年限能达到25年以上，经多次论证，选用了船舶制造工业的锌加防水防腐涂料，以两道60μm的比利时进口锌加涂膜镀锌提高了题凑钢构件的长效防腐性能和安全性。

不同光泽度的红、黑题凑相互映衬，产生"你中有我，我中有你"的视觉效果

板材漆面处理实验：红色亚光板与黑色亮光板组合　　　　红色亚光板与黑色亚光板组合　　红色亮光板与黑色亚光板组合

秦莹： 建筑钢结构完成后，由于前期预算过于紧张，外饰面的成本已经不足，我为此专程向重庆市市长汇报，提出既然选择了这样一个有艺术价值的、复杂的建筑，也已经投入了人力物力，需要给它穿上得体的衣服，把它做好。题凑构件的红、黑两色也曾产生过很大的质疑和争议，当地政府对此十分重视。我们设计人员做了大量的研究和论证，景泉等人曾三次前往重庆人大汇报，在充分的沟通下，终于得到了各界人士的理解和认可。

崔树荃： 对于外立面装饰，需要考虑造价上的限制，外界也出现了一些不理解的声音。最初方案设计时考虑采用铝单板涂氟碳漆。随着施工的进展，设计院考虑到蜂窝铝板比铝单板更合适，在重庆这样的气候条件下更能经受风吹日晒的考验。但当时政府已经批复按照铝单板做的概算，要改成蜂窝铝板需要增加几千万的费用，怎么办？他们没有把项目盖完看成唯一目的，而是本着要把项目做好的精神，积极研究，还找来专家论证。

当时市政府和市民都希望这个项目能尽快竣工，我们的压力很大，但也很认同中国院这种做事认真，不留瑕疵的精神。既然政府投了这么多钱，老百姓不满意，还不如不干，要做就做一流的作品。我们两家在这一点上认识很统一，把对项目负责，对城市负责的态度放在第一位。为此我们陪同中国院的秦总向重庆分管建设的副市长汇报，从技术层面分析为什么要换封火板，都有哪些利弊，最终领导决定采纳中国院设计专家的意见。加上其他设备的投资，追加6300万元的投资。最终的总投资额为4.387亿元。虽然造价有一定提高，但建成后的效果也证明，这个决策是正确的。

而对于他们认定的事情，中国院的设计者都会坚持下去。建筑施工期间就得到市民很大的关注，有人说红色的要不得，我就接待过两次市人大代表的考察，"我们解放碑这地方不能做这么夸张的东西，和周围的建筑不协调"，我只能尽量从艺术的角度向他们进行解释。虽然质疑声很多，中国院的建筑师通过反复向各方面进行解释，仍然坚持了下来。

项目建成以后，那几个当初反对的人大代表又来了——"仔细看了这个东西，确实有味道"。市民的理解走过了一条从反对到认可的道路，现在不少人路过这里都会停下来观赏。现在看来，这个颜色是经得起实践检验的，如果当初换了颜色就糟了。

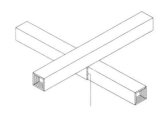

解决方案一
将交叉位置的此块板做在钢件之
外，此位置的小"题凑"剖面超
过1050mm×1050mm

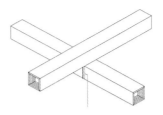

解决方案二
保持小"题凑"断面为1050mm×1050mm，
蜂窝铝板在此位置断开，外露钢件涂刷氟碳漆

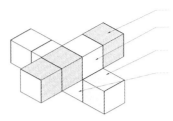

小"题凑"交叉细部
第一步，装上层的非交叉板，压条
第二步，装上层的交叉板
第三步，装下层的非交叉板，压条
第四步，装下层的交叉板
第五步，安装上下层交叉位置的压条

小"题凑"交叉处理方案

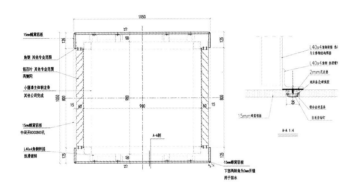

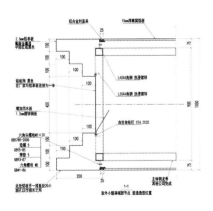

普通题凑端部节点大样

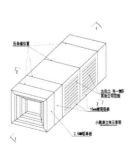

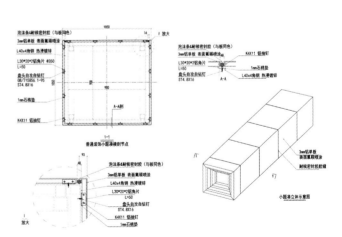

排烟及送风题凑大样

按照模数，题凑构件的断面尺寸为1050mm×1050mm，受铝板材料宽度的限制要设四个缝，经与厂家探讨和推敲，受变形限制的两个宽缝"隐胶缝"设于板面的顶部，两个密接缝设在侧板下部，利用人的视线盲区，达到良好的视觉效果。对于题凑的交叉位置，由于此处主体钢梁连接构件太大，已经超出了面板的尺寸范围。构造设计采用了两种解决方案：一是将交叉位置的此块板做在钢件之外，此位置的题凑剖面超过1050mm×1050mm；二是保持题凑断面为1050mm×1050mm，蜂窝铝板在此位置断开，外露钢件涂刷氟碳漆。

为避免题凑内部有雨水渗漏，特别是强腐蚀性酸雨侵害，导致内部的钢结构框架产生腐蚀，除了采用锌加涂料外，也设计了专门的防水构造，即使雨水进入题凑内部，也可以通过其底部的溢流口流出。题凑两端也并非完全封闭，由红色的"国"字和黑色的"泰"字组成的端头冲口铝板，可以确保题凑的通风、散热、水汽溢出，防止水汽凝结。

由于一部分题凑杆件要用于设备管道，为了进排风、排烟的畅通，对其内部构造做了结构优化，减少了矩形对角线处的斜杆，增加其悬挂固定点数目。

由红色的"国"字和黑色的"泰"字组成的端头冲口铝板

李静威：我们以X、Y、Z三个轴向对各题凑进行定位。而三个方向的题凑的交接点就成为设计中处理的难点。应该使哪一个轴向的题凑保持完整？经过考虑，我们选择保持竖向的黑色题凑（Z轴）的完整，与之相交的红色题凑则表现为断开的形式，强调了建筑的结构逻辑。

建筑底部的玻璃幕墙，我们最初希望采用外观较为完整的索网幕墙，但由于折线的幕墙会和不同的楼板、梁相交，索网的形式会过于复杂，因此选择了隐索结构玻璃幕墙，将钢索隐藏在玻璃竖向胶缝中，幕墙效果更为通透，结构逻辑也更为清晰。同时，幕墙的单元格也完全遵循题凑的模数，避免题凑与幕墙相交时打断索网，二者之间的防水处理是施工中的难点，我们通过与厂家的密切沟通，最终以巧妙的构造设计解决了问题。

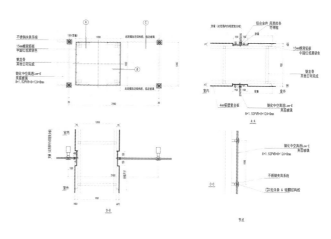

题凑与单索玻璃幕墙交接节点大样

点光源 冷光

点光源 暖光

条状光源 暖光

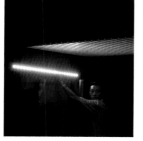
条状光源（LED）冷光

题凑夜间照明光源的选择也经过光源类型和色温的反复比较，从点状光源与条状光源、冷光源与暖光源的多种组合尝试中，最终选择了条状暖光光源。

32层题凑布置图

图中题凑内灰色虚线为送风排
风管道位置

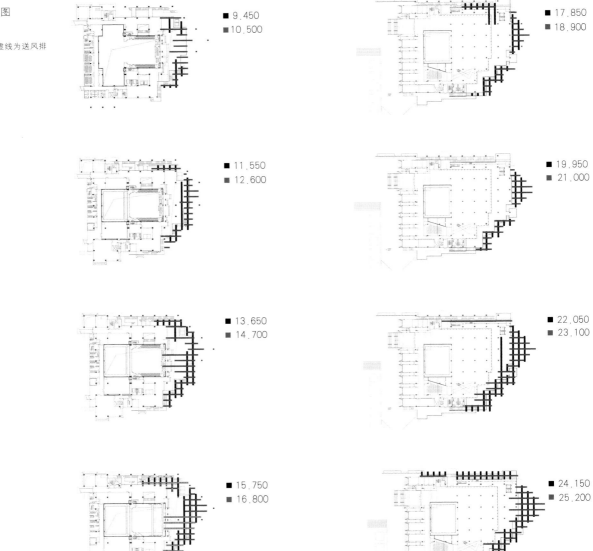

■ 9.450
■ 10.500

■ 17.850
■ 18.900

■ 11.550
■ 12.600

■ 19.950
■ 21.000

■ 13.650
■ 14.700

■ 22.050
■ 23.100

■ 15.750
■ 16.800

■ 24.150
■ 25.200

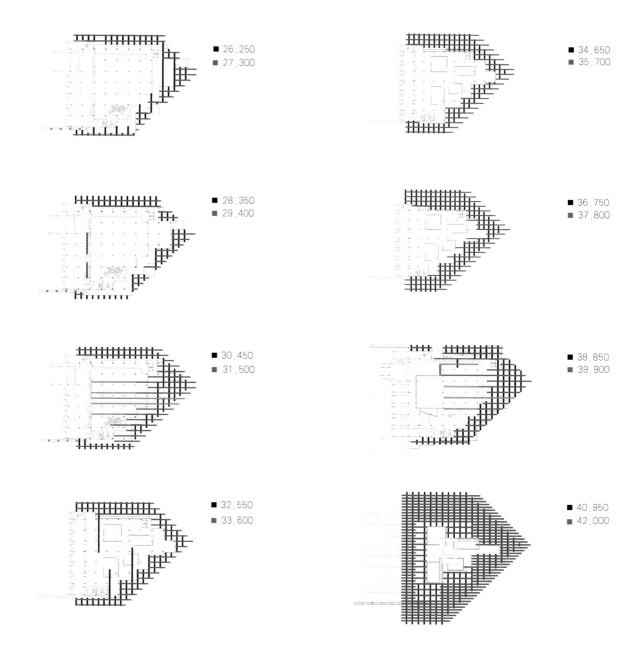

■ 26,250
■ 27,300

■ 34,650
■ 35,700

■ 28,350
■ 29,400

■ 36,750
■ 37,800

■ 30,450
■ 31,500

■ 38,850
■ 39,900

■ 32,550
■ 33,600

■ 40,950
■ 42,000

大题凑：剧场包厢及美术馆

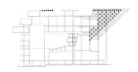

相对于组成建筑整体形象的1050mm×1050mm见方的题凑，面向城市广场的重庆美术馆和剧场内外悬挑而出的两组红色盒子，则被视为"大题凑"，其高度从3125mm至8350mm不等，和小题凑相互映衬，以不同的尺度延续了建筑的基本构成原则，并标识出不同的功能和属性。"大题凑"在设计和建造中既延续了小题凑的若干方式，也因其自身特点而必须解决新的问题和挑战。

室内的一组"大题凑"，穿插于剧场与门厅之间，内为剧场包厢，外为面向门厅出挑的部分，将题凑语汇贯穿于室内空间中。但两侧的"大题凑"实际上并不在一个标高上，也没有严格的对位关系，因此很难用一组柱子悬挂两侧结构。结构设计因此将支撑结构分成两组柱子，"大题凑"由斜拉三角桁架挂在双柱框架两侧。两组柱子间距1.8m，恰好作为包厢走廊使用。

对于美术馆外的大题凑，结构设计首先考虑到悬挑梁方案，即在楼板位置做出挑梁，上部增加非结构构件的盒子，其缺点是挑梁的尺寸较大。为解决这一问题，改用悬挑桁架方案，即利用盒子外壁形成空间斜拉杆体系，不但可以有效减小结构构件截面，也能实现较大悬挑长度以及局部位置出现的两侧不等宽悬挑的需求。

看台计算模型

看台各榀剖面图

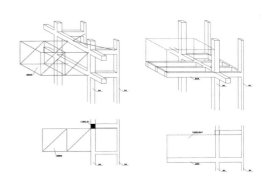

美术馆悬挂桁架方案、悬挂梁方案

钢结构转换桁架

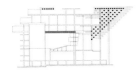

大剧院和美术馆这两个重要文化功能都布置在紧凑的用地内，只能上下叠放，但美术馆为8.4m×8.4m的小跨度规则柱网空间，而剧院的观众厅和舞台却是跨度为33m的大空间。这对结构来说是非常不合理的，尤其是在结构方案由钢结构框架体系改为框架剪力墙加部分钢结构体系后，结构方案的设计就变得更为棘手。

结构设计方案在两种方法间进行了比较：
第一，每层均做大跨度结构，这要求每层梁截面高度较大，对使用空间有影响，同时也需要让剧场内的大截面竖向构件向上延伸，影响美术馆的平面布置；
第二，在二者之间采用转换桁架。这样能保证美术馆有较高的净空，且平面柱网布置相对自由，缺点在于大剧场上空的结构构件高度较大，施工难度相对较大。
经过慎重考虑，结构工程师决定采用转换桁架解决这一问题。观众厅整体为混凝土结构，结构转换需要使用强度更大的钢桁架，同时由于观众厅需要的室内净空高，梁高必须限制在4.2m以内。如果采用普通的Q345钢，梁高要到5～6m，为此项目中使用了低合金高强度钢材Q420，这也是西部地区首次使用Q420高强度钢材。
为了增加构件强度，看似方形的构件截面实际是田字形的，以便在有限高度内确保有效截面面积。第一批钢桁架加工完成后，

转换桁架施工过程：剪力墙留槽

构件分节转运

现场拼装焊接

经测试发生层状撕裂——由于田字形截面内应力过大，焊接的热胀冷缩导致外部钢板产生裂缝。经过对焊接温度的分析和严格控制，最终获得了合格的产品。

有限的工地面积给桁架安装带来不少困难。桁架只能被分为若干段转运，在现场拼合完成，结构设计还在建筑外侧的剪力墙上预留了2m宽的缝隙，便于桁架运送。由于不能使用塔吊和汽车吊，桁架吊装采用了施工单位独创的双桅杆吊装法。

在吊装钢结构转换桁架时，由于场地狭小，预制钢件现场无法翻身、转运，为此施工单位采用了"剪力墙留槽，构件分节转运，现场拼装焊接，双桅杆抬吊，整体提升，旋转就位，考虑环境温度实施结构固结"这一非常规施工方法。

赵永波：4根钢桁架，重达74t，长33m，怎么提升到17.85m标高处成为难题。由于地处解放碑闹市，要是用坦克吊，光在城市道路上拼装就需要一个星期，交通都要被堵死了。这时，施工单位重庆建工集团的老工人提出了一个看似很"土"的"拔杆"方法——在这方面工人有时比工程师更有经验。

凌成明：整个施工过程本身不复杂，但风险很大。越是危险大家越是重视，施工单位、管理部门和监理单位全都经过精心准备，紧密监控现场，每个细节都做得很到位，最后安全地完成了施工。

双桅杆抬吊

整体提升就位

转换桁架安装完毕

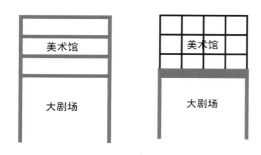

大跨结构与转换桁架的比较

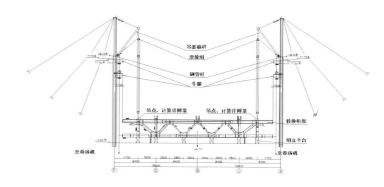

转换桁架现场吊装设备布置图

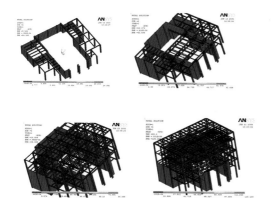

转换梁工况验算

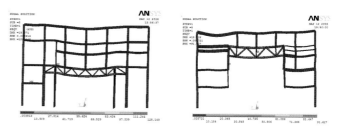

预压加载模拟分析

在上部的美术馆完工后，转换桁架将要承受其三层框架结构的巨大荷载，桁架会因荷载逐渐增大而产生向下弯曲变形（下挠）。由于桁架仅为3.7m，刚度不足，下挠变形可达37mm——额外的沉降差会对上部框架产生不同的次应力，可能造成上部混凝土梁端开裂、柱子下沉，形成结构安全及使用功能上的不良影响。

因此，需要在整个施工过程中采取措施，使桁架始终保持平整，即在美术馆结构施工前后保持桁架承受相同的荷载，结构设计人员和施工单位为此共同设想了多种方法，决定采用"预压"的方式，有结构设计提出预压步骤、预压荷载值、预压荷载作用点，施工单位据此确定了"一次加荷、分阶段卸载，保证桁架受力相对稳定，上部框架支座相对位移在控制范围内"的方案进行预压施工。施工结束后的长期监测表明，总挠度控制在了12mm以内，证明这一预加载方法非常成功。

施泓：在施工图设计中，我们一度考虑采用体外预应力的方法，其成本低，但对技术水平要求较高，甲方和施工单位对此都比较担忧。于是，我们又想到用"地卯"的方式——先为转换桁架做预拱，再用钢绞线拉住桁架往下拽，随着施工进展逐渐放松钢丝绳。但这需要让钢绞线打破下面多层楼板，拉在基础上，重量也比较难控制，因此也被否定了。

最后采用的"预压"方式，是在钢桁架下面挂上吊篮，人工放入重物，让每个吊篮重达50t，压平钢桁架后，随着施工荷载的增加再一步步卸掉重物，始终保持桁架的水平。但真要把这37mm的挠度全部抵消掉，需要的预压重量非常大，会增加不必要的成本。我们又通过加强上部结构配筋，确保其能够承受桁架在20mm以内的挠度。同时通过实验，确定实际变形比计算值要小，最终将压重降低到180t，每榀桁架设3个吊点，每个吊篮的设计荷载为60t，不仅大幅降低了施工费用，总挠度也被控制在12mm以内。

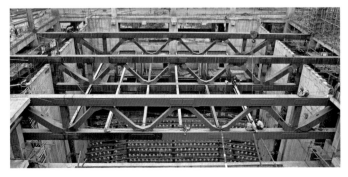

钢结构转换桁架安装完毕　　　　　　　　　　　　　　　　　　　　　　　　　　　　　　　　　预压加载施工

BIM技术应用

建筑信息模型（BIM）对于国泰艺术中心的设计及建造是至关重要的。因为传统的二维设计表达方式无法清楚表达国泰艺术中心复杂的空间、结构、设备关系，例如一根风管在水平方向沿着某一标高的题凑布置，而转为竖向后又要沿着另一根题凑铺设管道，需要在设计中引入以三维空间为基础的设计工具和表达工具。

BIM技术在帮助解决题凑数量不断增减变化而带来的结构、功能同步配合的问题上起了很大的作用。在从扩初到施工图设计的过程中，题凑的数量和位置一直在不停地改动、变化。即使扩初图纸完成后也重新修改了很多遍。如果没有BIM这一辅助工具，这项工作很难进行。

当时，三维建筑模型在国内还是刚刚出现的新事物，设计团队主要采用ArchiCAD软件进行三维设计，通过软件模型清晰直观地观察那些人脑难以想象的复杂空间结构，最终成果中，平面图和部分剖面、详图均为ArchiCAD完成的。可以说，在BIM概念还没有兴起的时代，国泰艺术中心的设计已经开始尝试用建筑信息模型的方式来进行了。

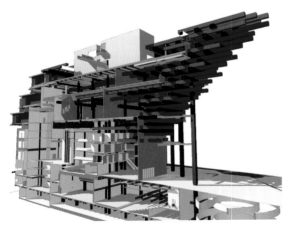
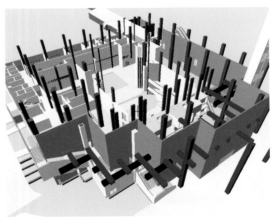

ArchiCAD模型

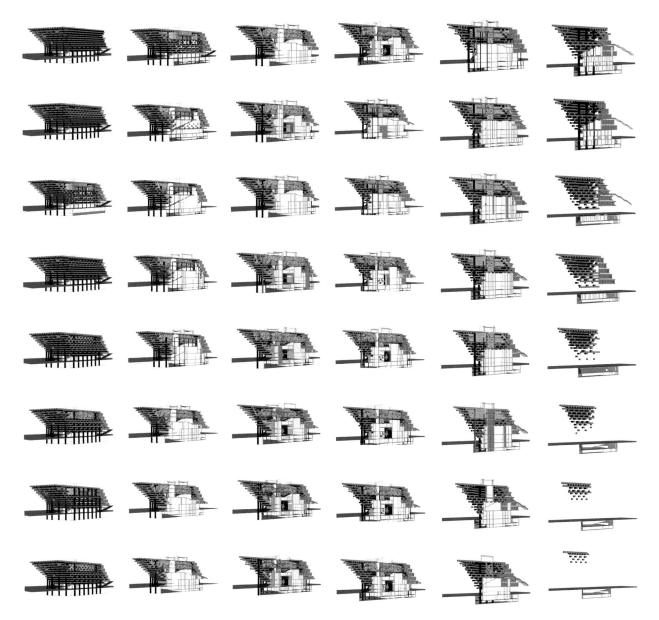

利用ArchiCAD模型绘制的剖透视图

同时，利用BIM技术，还能够有效解决国泰艺术中心在结构设计和施工中复杂的空间定位关系问题，同时进行钢结构详图的深化设计。

国泰艺术中心建设过程复杂，在施工期间"不完整结构"承受不断变化的施工荷载和边界条件。随着工程进度的推进，新装配或新浇注的部分支撑在下面，结构体系的刚度和材料的强度还在变化，钢结构与混凝土结构相互交替转换施工建造，这样一种由未完成部分及支撑系统组成的暂态结构，常常是危险的。不考虑施工过程的常规结构设计是一种近似的计算方法，计算虽然方便快捷，但计算结果均存在误差，施工方法不同，计算误差的大小也不同。

为解决施工过程中的几项重大施工技术难题，结构设计者和施工单位对其中几项重大施工方案进行了全过程的模拟分析。施工过程力学数值模拟分析技术为重大复杂施工方案的验证和优化提供了有力技术支持，在施工安全和提高工程施工措施效率方面有着重大意义。

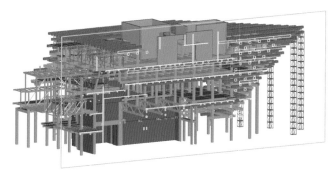

结构BIM模型

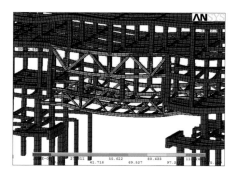
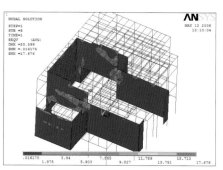

施工过程力学数值模拟分析

张小雷（建筑设计）：国泰艺术中心中标后，因为方案形体比较复杂，很多空间形态很难通过二维绘图软件设计表达，我们想到了用ArchiCAD这种当时新兴的三维设计软件来进行设计。很快，整个设计团队都投入到ArchiCAD的学习应用中。一边设计，一边学习，为了不影响工作进度，同时还结合AutoCAD和3D MAX一起进行设计。

采用建筑信息模型软件进行辅助设计，上手比较困难，很多绘图概念和CAD有本质的不同，它更像是用软件模拟真实的建设过程，几乎所有构件都是三维物体，需要附加很多可编辑的参数。从熟悉到熟练掌握的过程中要克服很多困难，同时国内的相关工程实例也不多，很多遇到的问题必须自己想办法摸索、解决。到了施工图阶段，我们试图放弃CAD这个拐棍，完全用ArchiCAD设计，同时充分应用其团队合作的功能，以整个设计团队共同完善一个模型。但因软件功能不够完善，造成了一些障碍，所幸被我们一一克服，用ArchiCAD完成了大部分图纸的绘制工作。

在一年半的时间里，我们从初次接触ArchiCAD到熟练使用，再到完成国泰艺术中心的施工图设计，可以说对软件以及三维辅助绘图都有了比较全面的了解。一个新的软件的应用会经历比较长的过程，也会遇到很多阻碍。值得庆幸的是，在国泰艺术中心项目中，从甲方、领导到设计组成员，都很支持推广这一革新性的设计方式。回头来看，这一复杂的设计，如果使用普通的二维软件，是不可能满足其设计要求的，只有通过三维辅助设计，才切实地保证图纸的准确性和实施性。

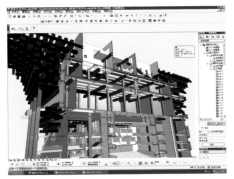  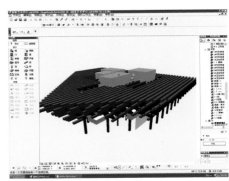

BIM设计使用过程

生态策略

重庆气候的基本特征是高温、高湿、少日照、少风。按照城市设计的总体思路，国泰艺术中心及其所处的国泰广场，在解放碑地区高楼密集的环境中，形成城市中心区通往江岸的绿色通风廊道。其周边的绿化，可以促成"绿洲效应"，调节地面和大气热量。

建筑的主要构成元素题凑，同时也承担了重要的通风、遮阳作用。

截取建筑迎风面进行模拟分析，按重庆地区主导风向偏北风（2.1m/s）计算，建筑外围部分突出的题凑能够加强风的扰动，强化换热，有利于将风引入室内空间。尽管未能实现初步设计阶段采用溶液调湿技术的空调方案，经过设计调整，仍然有20%的题凑构件被用作进风、排风等机电管道，达到了原方案效果的一半。

同时，建筑前广场由于上方题凑对直射光的遮挡和对散射光的漫射作用，可以在夏季最炎热的8月将日平均辐射量控制在800W/h内，大大提升夏季人口处的舒适度，同时减少周围建筑眩光产生的影响。

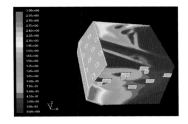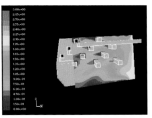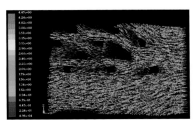

通过题凑纵截面和横截面的速度云图、矢量图

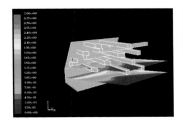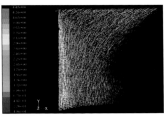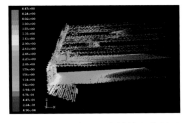

建筑东北侧外界面流体状况分析图

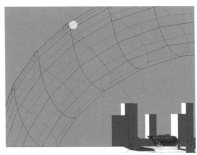

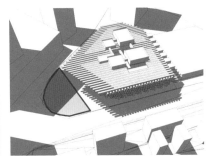

建筑及周围环境的遮挡情况分析图   建筑前广场遮挡分析

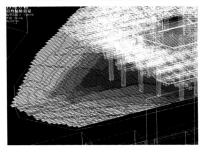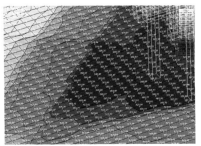

建筑前广场日平均太阳辐射量分布   建筑前广场平均太阳辐射详细分析数据

品谈与感悟

文化建筑不应该是封闭的造型，而应该是一个开放的平台，随着建筑的不断完善，国泰艺术中心吸引了越来越多的市民，形成多层次的市民文化平台。

项目历程

2006年9月21日
亚洲建筑师大会上，崔愷
向中国建筑学会理事长宋
春华等与会嘉宾介绍国泰
艺术中心方案

| 2005 | 2006 | 2007 | 2008 | 2009 |

10月~12月
国泰大戏院及重庆美术馆
第一轮方案投标

4月~5月
国泰大戏院及重庆美术馆
第二轮方案投标，被确定
为实施方案

7月~12月
方案深化调整及初步设计

8月
国泰广场设计

1月~7月
施工图设计

8月
原国泰电影院拆除

1月
国泰艺术中心正式开工

4月
混凝土施工结束，钢结构
施工开始深化

7月
题凑数量再次减少，最终
确定为680余根

8月
进行建筑外饰面材料选择

2012年9月28日
主体工程落成暨交接仪式

2012年12月7日
在专家和市民共同投票选
出的20个"重庆新地标"
中名列第一

2010　　　*2011*　　　*2012*　　　*2013*　　　*2014*

9月
钢结构进行中

4月
土建工程基本结束，外装
修进行中

4月
钢结构工程荣获第十届
"中国钢结构金奖"

6月17日
国泰剧场交付使用

9月
国泰艺术中心获得中国建
筑学会建筑创作奖银奖

10月
国泰板材纹理现场比较

5月
泛光照明试验

9月
主体工程落成

7月4日
国泰艺术中心建筑作品
研讨会

11月
钢结构卸载

12月
外装进行中

12月
外装修完成

10月29日
重庆美术馆开馆

国泰品谈

2013年7月4日，由中国建筑设计研究院、《城市·环境·设计》杂志举办的"国泰艺术中心建筑作品研讨会"，邀请业主代表、政府官员、知名建筑师、建筑学者等嘉宾，在设计主持崔愷的引领下，在国泰艺术中心进行了实地参观，了解生动、复杂的设计理念和技术要点，共同品评这座独特的山城建筑。

值得一提的是，无论专家还是业主代表，谈论最多的，并非建筑醒目的外形，而是它对城市的贡献和对市民生活的激发。

业界专家

扈万泰	重庆市渝中区区长
戴志中	重庆市设计大师，重庆大学建筑设计研究院总建筑师
赵万民	重庆大学建筑城规学院院长
李秉奇	重庆市设计大师，重庆市设计院院长、总建筑师
卢　峰	重庆大学建筑城规学院副院长
邓蜀阳	重庆大学建筑城规学院建筑系主任
华　林	德国HLD建筑与城市设计（国际）事务所首席设计师、总经理
龚　俊	上海霍普建筑设计事务所执行董事、总经理、设计总监
杨宇振	重庆大学建筑城规学院院长助理
褚冬竹	重庆大学建筑城规学院院长助理
成　立	上海霍普建筑设计事务所有限公司副总经理

中国建筑设计研究院项目设计人员

崔　愷	中国工程院院士，总建筑师
秦　莹	顾问总建筑师
景　泉	建筑专业院院长
赵鹏飞	国泰艺术中心项目经理
李静威	建筑院第六工作室主任，国泰艺术中心建筑工种负责人
张淮湧	结构院副院长，国泰艺术中心结构专业工种负责人
施　泓	结构工作室副主任，国泰艺术中心结构专业工种负责人
张　晔	副总建筑师，国泰艺术中心室内设计负责人

项目业主代表

崔树荃	重庆市地产集团副总经理
张　枫	中渝物业发展有限公司副总裁
赵永波	重庆市城市建设发展有限公司总工程师
凌成明	重庆市城市建设发展有限公司现场负责人

城市的标志

崔树荃：这个建筑有非常强的视觉冲击力和特色。2013年年初，重庆市由公众投票，专家评审，共同评选出20个"重庆新地标"，国泰艺术中心位列20个新地标的第一位，可见这个设计是非常成功的，得到了市民的认可。

扈万泰：八年前，重庆开始"十大文化公益设施项目"的建设，结合市中心解放碑地区的改造，在这里重建曾经在抗战期间发挥过重大作用的国泰剧院，并且形成一个广场。后来又在建筑内加入美术馆的功能。这么多功能集中在这么紧凑的基地内，很有特点。

李秉奇：重庆自古以来就是一个广泛包容新文化的城市，这一点对城市建设也产生了巨大影响。在抗战期间，杨廷宝、童寯、戴念慈、徐尚志等老一辈建筑师都曾在这里留下过优秀的作品。

现在的重庆市仍然在发扬这种包容的精神，不断吸收新的设计，这其中就包括国泰艺术中心等十大公益文化设施。

重庆人对国泰剧院都很有感情。国泰剧院最初建成于1937年，新中国成立后做过改造，"文革"期间改成电影院，这些设计都留下不同年代的印记。这次的设计方案完全没有被以往束缚住，紧跟时代，但又不失与传统文化的衔接。可以说是尊重传统，但不局限于传统。

城市

崔愷: 这是一个不太大的文化建筑, 但位于重庆的心脏地带。如何让建筑为城市做出贡献? 这也是我在这么多年的设计当中所关注的。文化建筑不是一种曲高和寡的东西, 一定要符合城市的生活, 融入城市的文化。

对于这个建筑, 很多人关注的是它的形式, 而我关注到的是城市的空间。我们设计的重点是建筑与城市的关系, 丰富的高差变化, 不同空间之间的衔接。文化建筑不应该是封闭的造型, 而应该是一个开放的平台, 未来这里会有更多的地方向市民开放, 形成多层次的市民文化平台。

处于这样一个位置的建筑, 需要有个特别的形象。一开始, 我们选择了这样的形式, 但我也为此有些担心, 需要让这个形式真正具有理性价值, 而不只是一个装饰。所以整个设计过程都在不断研究, 如何把这种形态做成有用的东西。

戴志中: 这个项目从投标到评标到建筑过程中的多次论证会我都参加了。当时解放碑地区的城市空间非常拥挤、混乱, 所以招标文件要求既要照顾城市空间, 还要形成城市景观和城市文化。在重庆市中心这样的环境里, 周边高层建筑很多, 建筑不能增加城市空间的紧迫感, 应该从周围的建筑看下去, 像城市中的一颗钻石, 为城市景观和城市空间做出贡献。项目建成后, 我感觉基本达到了当时招标文件的要求。

卢峰: 建筑的位置很特别, 设计上从城

市空间布局的角度出发，让外部空间形成新的市民文化平台，这个角度把握得非常好，具有时代精神。方便人的生活，给人一种归属感，这才是好的地标建筑。

华林：耸立在解放碑地区的国泰艺术中心，与周围同质化的建筑有着巨大的反差，建筑功能、形式、色彩上的差异，让城市空间产生了"突变"。而城市的个性特征往往是通过其中最重要的文化类建筑发生"突变"形成的。突变不仅是来自表象上的形态和颜色，更重要的是其核心内涵的突变。文化建筑一般由公共财政支持，但演出一般都在晚上，白天都是闲置的。这个建筑的设计体现了对建筑功能的整合，让商业功能和市民生活与文化建设紧密结合，使建筑不仅在形式上与城市互动，在内容上也形成互动。

龚俊：从社会学角度来看，建筑其实是对人的行为的一种预言。建筑可能被人接受，改变人的生活方式，也可能因为预言不被人接受而被抛弃。国泰艺术中心创造了非常多的开放空间，有尺度感非常好的广场，也有有趣的公共空间，更重要的是它把自己当作城市中从密集建筑群向公共开放场地的过渡。相信会被市民所喜爱，产生强大的社会意义。

李秉奇：红色是很大胆的颜色，这个配色经过了多次讨论，最终坚持下来，显示了国泰艺术中心的特立独行，也成为一个经典。这种特立独行的色彩，也将丰富重庆的城市生活，给这一代重庆人留下深刻的印象。

地域性和开放性

庄万泰: 重庆每年要建设几千万平方米的建筑,但能够形成标志性意义的建筑却不多。尽管有些时候,一些项目追求最高、最大,但并不一定能形成标志性。而国泰艺术中心这座建筑,确实反映了重庆这座历史文化名城的特点,体现了山水城市、巴渝文化的特点,对于重庆文化建设的发展具有里程碑的意义。

戴志中: 我们经常提到建筑的"地域

性",其实更高的要求是"地点性",就是只能存在于这个地方,而且能很好地融合周围的环境,产生好的影响。渝中区建设了大量的现代的、高层的建筑,如何在这样的环境里体现传统文化?这个建筑的形式来源于传统文化,但用现代设计理念和现代手法,与传统文化相结合,在高楼林立的现代化环境中,是对山地城市空间最好的诠释。

李秉奇: 设计体现了地域特色与现代思维的并行。在高楼林立的解放碑中,打造一个具有文化感的艺术中心,需要很

强的把握能力,要做好功能与形式的衔接。作为建筑师,还要尊重地方文化。崔恺院士从中国传统元素吸取灵感加以重新组合,赋予了建筑重庆的特色。

邓蜀阳: 建筑具有良好的生活性和时代性的表现。从建筑的展示情况来说,建筑本身就是一个艺术品,体现了有别于重庆其他建筑的个性,时代所需要的建筑的标识性和展示性在这里得到了充分的发挥。同时,这个建筑也体现了强烈的生活性,市民能够直接参与到内外空间的使用中,使建筑成为城市开放的、

多元的空间，获得了新的城市活力。这充分体现了建筑与城市、环境、空间多元性的组合，必将成为重庆市一个新的标志性建筑。

赵万民：建筑对城市文化作了有层次的诠释，建筑采取了开放的方式和城市空间融合，其结构形式、形成的广场都充分表达了现代建筑开放的特点，这和重庆这座以多元、包容为特色的城市很契合。

形式

赵万民：建筑的现代性，真正有创新性的建筑很难做，但这个形式确实有非常新的感觉，其材料、结构、色彩等都非常有特点，其建筑形态和结构的独创，将传统的题凑概念用如此现代的形式表达出来。

龚俊：一路走来看到这个建筑的时候，第一个感受是非常震撼，这种感觉类似于我们在国外看到一些建筑时的状态，我想这是因为它是一个有强烈个性的建筑，可以称之为"地标"，但它同时又是非常谦逊的，因为它充分考虑了与城市、街道的关系。一个建筑能够同时做到这两点，非常可贵。

邓蜀阳：设计对建筑形态的控制、色彩的控制都有独特的发挥，尤其是很好地展示了建筑的内外空间的组合关系。

华林：建筑本身非常具有雕塑感和构成感，从某种意义上来说，它更像是一种现代城市的巨型雕塑。而崔愷先生提到，他们也想更多地用建筑的语汇去表达，回归建筑的本原。这也是我们应该努力的方向。

建成后的国泰艺术中心，上演了一场场丰富多彩的剧目

国泰重生

剧院+音乐厅+美术馆
高品质+低票价

百变国泰艺术中心主体落成
左看右看上看下看都有不同

这是一个集"展示、戏剧、娱乐、商业"为一体的多功能艺术中心,黄奇帆、徐海荣出席落成

大戏院美术馆合二为一,可看戏观影听音乐会
国泰艺术中心造型引起网友热议,年底将试运营,2013年元旦节、春节都将有演

媒体报道

《重庆日报》 2013-10-30

国泰重生

无论是抗战时期的国泰大戏院，还是改革开放后的国泰电影院，再到如今被赋予了全新使命与精神的国泰艺术中心，这个承载着中华民族不屈不挠的民族精神的文化建筑，早已幻化为一种内心的力量，沉淀于人们内心。

……

"文化是民族的根和魂，也是城市的精气神。重庆不仅要建成中国内陆的经济中心，还要成为中国内陆的文化高地。"2012年9月28日，市长黄奇帆在重庆国泰艺术中心主体工程落成暨交接仪式上这样讲到。至此，淡出重庆数年之久的国泰电影院，以一种全新的姿态再次出现在山城人民眼前。

外观创意十足的国泰艺术中心，以山、水、坎、穿斗、叠檐的设计概念，来诠释重庆独特的文化韵味，并大胆采用了对比强烈的红、黑二色，作为重庆气质的表达，以象征重庆火辣的性格，以及重庆人坚强不屈的鲜明个性。

国泰的室内设计也令人称道。一位听众曾赞叹："音乐厅不使用任何扩音器材，坐在最后一排也能享受高品质的听觉盛宴。"更令人耳目一新的是，国泰艺术中心外的国泰广场上，独具匠心地设计了造型各异的石雕，供市民休憩的石凳也一改呆板的四方造型，变身为礼品盒、车轮胎、拉扣、砚台，人们还没走近国泰艺术中心，便已经被四周弥漫的艺术气息打动。

每到周末和节假日，一些慕名而来的市内外的游客，会特意来到国泰艺术中心拍照留念，在他们心中，国泰艺术中心已经成为解放碑又一标志性建筑景观，重庆新兴的一座文化地标。

《重庆晨报》 2012-9-29

大戏院美术馆合二为一，可看戏观影听音乐会……

一百个人眼中有一百个哈姆雷特，昨日落成的国泰艺术中心主体建筑，也有这样的效果。由于其不规则的外形，国泰艺术中心被称为"百变建筑"。有人说它像重庆的土灶火锅，也有人说它像欢乐的篝火，甚至是一个立体的中国结……在你眼中，它究竟像什么呢？

国泰艺术中心主体落成后，最快将于今年底试运营，2013年元旦节、春节都会有演出。全部投用后，你可以在这里听戏剧、音乐剧，甚至看美术展和I-MAX电影。

……

为什么叫做"百变建筑"？因为你站在不同的角度，会看到不一样的国泰艺术中心。它像传统乐器中的"笙"，温婉平和；如同层层叠叠的篝火架，红色的篝火在欢乐地燃烧；站在解放碑的高楼往下俯瞰，又像一艘扬帆起航的船舰；也像重庆的红油火锅，表现出重庆人的热情好客。

在你眼中，国泰艺术中心究竟像什么？昨日，重庆晨报官方微博发出这条消息后，引来网友的热议。有人说像红油火锅或是串串，有人说像长江边上的纤夫石；也有网友觉得像一个立体的中国结，或是一架钢琴、一颗红宝石。

"它的外形见仁见智，而且从不同角度看，都有不同的感觉。"一位网友这样总结。

市民热议

【国泰艺术中心落成 看如何"百变"】今天上午，位于解放碑的"百变建筑"——重庆国泰艺术中心主体工程落成移交给重庆演艺集团。这里可以听戏、音乐剧，还可以看IMAX和看画展，说它是"百变建筑"，在你的眼中，它像什么呢？@艳艳而遇

2012-9-28 10:01 来自 微博 weibo.com

| 收藏 | 转发 141 | 评论 97 | 👍 |

雷飞sunshow: 主色调是红色，配黑色和灰色，突出现代感的艺术气息。其中，红色如同重庆的红油火锅，表现巴人刚烈直率热情好客的性格特征。黑色则如同长江边上纤夫巨石的颜色，是厚重和底蕴的象征，代表巴渝悠久的历史和西部发展的中流砥柱。 🎵 //@解放sunshow: 离家最近滨大剧院！😄
2012-9-28 11:19　　　　回复 👍

毕兹卡卡 ★: 原来是个艺术中心，之前一直在猜测是神马东东……
2012-9-28 11:17　　　　回复 👍

取个屁名想半天": 重庆串串香
2012-9-28 11:08　　　　回复 👍

李南瓜先生 ★: 这个建筑叫欢快的篝火
2012-9-28 10:42　　　　回复 👍

小绵妈耍雄起: 豆娃个看的话，个人觉得像蜂窝煤。
2012-9-28 10:40　　　　回复 👍

荒原上的草: 筷子。小时候玩的挑棒棒。
2012-9-28 10:25　　　　回复 👍

残月心琉月: 就像一个有立体感的中国结~~~
2012-9-28 10:24　　　　回复 👍

唐则天: 回复@依芷李子:这个建筑设计早于中国馆
2012-9-28 10:21　　　　查看对话 回复 👍

王小胖妹 ★: 吃火锅不数签签，吃串串才数签签… 😊
2012-9-28 10:07　　　　回复 👍

如风922: 呵呵，终于修好了。重庆的另一标志性建筑，红色代表重庆的热情。形状像老火锅灶台 😁
2012-9-28 10:06　　　　回复 👍

重庆金逸IMAX要蒜菜 V: 什么？可以看IMAX？好期待，解放碑首家IMAX就要诞生在这里？//@黍蔡江丽: 像小时候耍那个棍棍游戏……
2012-9-28 10:06　　　　回复 👍

表怕_要枣不是神马好人 ★: 像一堆筷子😄
2012-9-28 10:03　　　　回复 👍

小伊伊幸福ing: 终于修好了！！
2012-9-28 10:03　　　　回复 👍

阿猫阿狗都爱我: 好多筷子
2012-9-28 10:03　　　　回复 👍

超级懒喵喵 ♥

★★★★★

重庆的国泰艺术中心还是第一次来，位置在重庆美术馆旁边，来的时候天色已经渐暗，远远地看到了这座雄伟的红色标志性建筑，艺术中心层层叠叠，同伴介绍这是许多柴火搭起来的造型，象征篝火的红红火火。还开玩笑说可以在上面煮火锅。

走进一看果然壮丽非凡，柴火错落有致，以傍晚的天空为背景，从下望上去又另一番感受。

验票后进入大厅，整个大厅也很有艺术性，里面同样是乱中有序的柴火，高高的仿佛望不到顶。在大厅中还放了一个架子，上面放着许多近期的节目单可以让来客随意取阅。

进到看节目的厅，忘记是哪一个厅了，很大分了很多层。节目还没有开场，舞台后面放着神秘的背景音乐。以我不专业的角度来说，这个大厅的回声效果是相当好的，音乐播出来美妙动听。门口的小姐提醒大家关闭手机或设成静音，以免打扰到其他人欣赏演出。不过就是有个别人不关掉声音的，哎……

座位很柔软舒适，每个座位背后放着今晚演出的节目单。节目单的设计非常棒，虽然是几个简单的元素，但是完全体现出魔术神秘的感觉。

收起 ∧

查看全部6张

14-11-10　国泰艺术中心　　　　　　　　　　赞(7)　回应　收藏　举报

寶貝胖嘟嘟 ★★★★☆

★★★★　人均：0

國泰藝術中心也算現在重慶的地標地方，位置確實不錯解放碑附近，本來就是市中心，環境也不錯，去欣賞新年會，特別不錯。

01-03　国泰艺术中心　　　　　　　　　　　赞　回应　收藏　举报

扣扣的欧欧 ★★★★

★★★★

吃完饭在街上溜达的时候看见了这个外形很有特色的建筑，觉得很像奔跑吧兄弟在某一集里面撕名牌的地方，差了一下居然发现当天下午他们要来这里录节目，而且就是5分钟以后。
兴冲冲跑过步，排队的人已经很多很多了，而且重庆真的是出美女的地方，好多好养眼的美女。
趁跑男没有来的时候，好好观察了这个建筑，很像一双一双的筷子。
往里面看装修的也很不错，听说是重庆很好的演出的地方。但是当天都戒严了，只能外面看看了

收起 ∧

14-12-01　国泰艺术中心　　　　　　　　　　赞　回应　收藏　举报

夏毅Meo ★★★★☆ VIP
☆☆☆☆☆　　　费用：0

重庆美术馆位于解放碑国泰艺术中心背后，虽然和国泰艺术中心同属一栋大楼，可是由于国泰艺术中心位于正面所以重庆美术馆不是很显眼，需要走过一个一个广场或者绕过国泰艺术中心才能看到，由于和国泰艺术中心一脉相承，所以红色的鲜明特点缔造了这个美术馆独有的大气外观，前面的广场更是塑造了幽静气派的艺术氛围，艺术馆内部有两层，进门需要通过安检，每日4:30停止入园，5:00闭馆，周一休馆～
需要前去看展览的需要提前计划时间

收起 ∧

01-23　重庆美术馆　　　　　　　　　　　赞　回应　收藏　举报

 嫣然若兮、 ★★★★★
☆☆☆☆　　　费用：0

外形来说设计真的很特别，而且最近跑男又在这里进行了录制，感觉应该更多人想去，从观赏角度来说，因为在解放碑的旁边，所以对于游客来说可以进入逛逛，或者没事的时候去陶冶一下情操还是一个不错的选择

01-22　重庆美术馆　　　　　　　　　　　赞　回应　收藏　举报

 草莓猫520 ★★★★★ VIP
☆☆☆☆☆

（腊月寒冬）来吧，这里还是很地标的一个建筑物了，因为以前我都没有注意到，但是后来我也是看到春节开始开的，所以就看到很多的人都去了，然后就进去了，也是因为很好奇了，所以我也来到这样的一个地方了，对于他里面还是很不错的，外观也很不错，也有几层，也是很有自己的现代化的信息的感觉了，就是要有这样的一些艺术品在这里，不然怎么能够形成我们重庆很有特色的美术馆呢，总之去过的人都是很喜欢的，就该给一个赞才对了！

收起 ∧

查看全部56张

14-11-20　重庆美术馆　　　　　　　　　赞(1)　回应　收藏　举报

理论评价

权威建筑专业杂志《世界建筑》于2013年10期以"本土设计的再思考：崔愷"为主题，全面介绍崔愷近年来的建筑创作。其中，清华大学客座教授、荷兰代尔夫特大学前任建筑学院院长尤根·罗斯曼（Jürgen Rosemann）在他的评论《现代化与地域主义——对崔愷作品的一些思考》一文中，这样分析重庆国泰艺术中心的设计：

崔愷强调在建成环境中维护和彰显本地身份认同的必要性："如果建造最高的大楼，它必然看起来像这个或像那个，总是相同的，到处都是方盒子，形成了一种'火柴盒'类型的风格。许多人抱怨这种情况，试图改变它。在中国的建筑师中，我们一直在讨论的问题是如何长时间地保护我们的身份认同、我们的文化、我们的传统。"

在他自己的作品中，崔愷在两个层面提升了建筑的本土身份认同：一方面，他设计的建筑物（空间）与现场有着很密切的联系，具有场地的强烈表现力。特别是，他的公共建筑项目是地标，在流动的空间中标定了场所，如此一来，有助于构建一种公共领域的文化。另一方面，他利用指向群众集体记忆的形式和元素创造了场所的符号意义。这个框架中一个有趣之处是，他不仅借鉴了广义上的中国文化，还运用了地方性的元素和符号，形成了特定场所非常具有当地特点的身份认同。重庆国泰艺术中心是一个解释以上设计原则的好例子，虽然它被高层建筑包围，但在城市肌理中，屋顶形式显现出的独特性和表现力将这一场所标定为一个具有特殊位置的明显地标。建筑本体的第一印象，看上去像一个超现代设计，似乎与具体的当地情况没有太大关系。但在细节上，它所展现的全是有意义的符号，这些符号会引导人们的记忆和感知。建筑颜色的运用——红与黑——与鲜明的地域特征相和谐；形成屋顶的长的棍状物，指向具有意义的方向，标定了在周围建筑间的特定端角；在构造上，"题凑"和"斗栱"这样具有古建筑构造形式的构件为建筑赋予了地方化的历史语境。设计的这些文化背景赋予符号意义多个向度的体验以及有层次的感知和阐释。

如卡斯泰尔所说，"恢复符号意义是处在沟通危机中的大都市世界的一项根本任务。这是建筑在传统上需要发挥的作用，而它比以往任何时候都更重要。各种各样的建筑要在大都市区域奋起挽救、重建符号意义，在流动的空间中标定场所的意义"。

毋庸置疑，崔愷正是在扮演这样的角色。国泰艺术中心是一个例子，代表了他以文化作为支撑的设计方法。在他的许多其他项目中，我们可以找到与建筑所在现场的地方文化相呼应的参照，它们标明了当地的身份认同，反抗着广普城市带来的疏离感。

感悟

从设计伊始到建造完成，经历了将近9年的时间。设计者、业主方在其中付出了无数的心血，也收获了许多心得。而最让他们欣慰的，是建筑为城市增添了光彩，方便了市民，也得到了重庆人的喜爱。

景泉

重庆国泰艺术中心虽然项目规模不是很大，但整个设计团队在崔总和第二设计主持人秦莹秦总的认真指导下，克服种种困难直至最终设计完成，每个人都付出了极大的心血和努力，度过了自己人生中非常重要的九年，现在回想起来真是感慨良多。

国泰艺术中心的顺利落成无外乎应有的几个必备条件：基于本土特色的设计创意，执着于优秀设计与富于耐力的职业精神，与可以沟通和尊重工程规则的甲方及富有经验和责任感的施工方形成了优秀的整体团队。正是这些条件的具备才使建筑能够从丰富的想象变成美丽的图画，再从美丽的图画变成可以实施的图纸，从实施的图纸落实成为建筑。

国泰艺术中心具备特殊的地段位置和历史意义。它以重庆山水为规矩，体现了地域建筑的时代性、标志性与城市精神性，并依托全专业一体化的技术设计，使其成为真正的"现代地域性建筑"。

优秀的建筑项目不仅涵盖了成功的设计与建造，其更依赖于落成后的良好运营与维护，二者构成了建筑的"全生命周期"。国泰艺术中心的良好运营将基于文化艺术场所的社会公共服务功能，立足于多元化、全方位的文化艺术教育，通过举办各种演出、展览、举行讲座、开展大师授课、组织后台参观、进行远程辅导等方式，使艺术教育为广大人民群众，尤其是青少年、普通家庭服务，全面引导和提升国民的文化素质。而项目的维护将主要集中于建筑钢结构、全专业设备以及建筑外围护结构等的日常保养、维修与清洁，借助于全专业一体化的技术设计，维护将变得高效集约，使建筑"永葆青春"。

建筑师和甲方在项目现场，左起：景泉、秦莹、崔树荃、崔愷、赵永波

在上述的每一个阶段，我们都面临着复杂的问题和不同的背景，恰似这个项目的重新开始；只有经历各个不同阶段，才能理解建筑的"全生命过程"，才能体会到团队的作用，才能感受到我院老一代建筑师严谨的作风，才能学会如何控制项目，应在何阶段解决何种问题，以及对项目在任何时期都应该对项目保持新鲜感——"一个项目设计的开始"！

秦莹

我一直非常喜欢做设计，不管是年轻的时候做自己构思的方案，还是后来协助年轻人完善创意完成施工图，都付出了很多感情。之所以我能对工作如此投入，还是源于我对设计的爱。只要是我参与的设计，我就把它们都当成自己的孩子对待。虽然我年龄比较大，但并不守旧，看到国泰艺术中心这样的设计，让我很有感觉，产生很多好的想法，在设计过程我尽量在原有设计的基础去完善它，让它更出色、更合理，而不会破坏年轻人的想法。

所有方案的深化设计都不会是一个轻松的过程，需要一点点地仔细推敲。国泰艺术中心项目打破了常规的设计流程，方案调整过程很长，过程中又历经曲折，而真正给出的施工图设计周期却很短。像这样的标志性品牌项目，建筑造型及内、外动态空间又极其繁杂，结构大尺度悬挑技术的难度系数又很高。有三十几年工作经验的我，有时感觉到茫然而不知所措，很多难以预料而错综复杂的技术难题摆在面前，好似风雨兼程地向前走。施工图设计周期太短，大多数人又都是新鲜血液，缺少复杂项目的施工图经验，如何组织合理的分配每个人的工作量也是难题。在这个过程中，我们尽量避免遗漏和交接不清等问题。是团队的力量，是他们任劳任怨的态度给了我信心，是他们的尊重给了我鼓励，在大家的努力合作下按时交出相对满意的答卷。

我很感动。在地方政府和投资建设方的高度重视和大力支持下，在设计与施工的共同努力下，这座造型特异，结构复杂的设计作品不负众望地呈现在市民面前。整个建筑基本完美地表达出设计的理念和精髓，热烈的气氛正如同点燃的红色篝火在欢乐的燃烧。

设计人员在工地现场

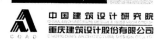

中国建筑设计研究院　CHINA ARCHITECTURE DESIGN & RESEARCH GROUP
重庆建筑设计股份有限公司　CHONGQING ARCHITECTURE DESIGN CO.,LTD
CQAD

景泉、并转秦总．
及工程组各位．
　　大家辛苦了！
　　进步的地厚上一本图册及图纸看．感到份量之中．大家之辛苦．工程之复杂。首先要祝贺各位完成了这么巨大而有意义的工作，并道声"辛苦啦"！
　　我因成都有事．不能与你们共同加班e．对图．果在心中不安．只好地忽两天看图的意见写下来．供你们参考．在图中随看随拥乱批注一些字符．颇零乱．可见匆忙之态．见凉！
　　总的感觉图还是比较细的．尤其平面及外墙视图．相比义立、剖面差些．有待改进．由于地势复杂．造成室内多差也多．要特别注意无障碍设计．美术馆从主层入口处是不是也要有坡道或升降平台供坐轮椅者行？残疾人要能达到天台等活动层面．包括厕所．另外地下空间和世空间表达不清楚．和商业项目结合处也交代不太清楚．内墙表也较浅．缺设计．望抓紧抓好时间以及地图及审册向进一步完善为盼！
　　别拖多川．再加一把力．胜利在望！
　　　　　　　　　　　　　　　崔愷
　　　　　　　　　　　　　　　07.10.3.

地址：中国重庆市渝中区双钢路3号科协大厦4楼　邮编：400013
电话：(023) 89034888　Fax：(023) 89039256　E-mail:cqad-1@163.COM

崔愷总建筑师给项目设计组的一封信

160

作为这个项目的设计师，我们也如同点燃的篝火，心潮澎湃、感慨万千，感动的同时也享受着辛勤工作后的满足。

我也很欣慰。国泰艺术中心不仅是形式上标新立异，剧场内的声场分布及各项音质指标的实测结果也达到了最佳音响效果。通过多场演出，国泰艺术中心得到了艺术家们的充分肯定和高度评价，作为剧场这是最重要的评价。美术馆的展示空间也获得了灵动的效果，为繁荣重庆文化事业、展示高雅文艺作品提供了舞台。我相信，这组富有诗意且雕塑感极强的公益文化设施，一定会成为市民喜爱并值得骄傲的标志性建筑。

李存东

国泰艺术中心的景观设计，最终呈现的结果是平实的、简约的，与城市和建筑融为一体的状态。表面看似乎与一般意义上的城市景观并无特别之处，但这一结果来源于复杂和深厚的设计与研究相结合的历程。

在崔愷总建筑师让我们加入国泰团队之前，我们就在做解放碑商业步行街的改造研究。解放碑是重庆的标志，不同年代不同质量的建筑围绕解放碑逐层展开，近年来群起的高楼使得整个地区都呈现出拥挤混杂的局面。国泰艺术中心正处于这样的环境下，如何重塑城市环境成为国泰必须回答的问题。正如崔总所说，建筑应该成为一个广场，应该是一个开放的场所，应该具有更大尺度上的城市设计的意义。我们的景观设计在这样的原初设想下开展。首先扩大了研究范围，从建筑自身的地块向周围延伸。景观设计的前期工作是以城市设计为重点，着重研究国泰与解放碑步行街的关系、与嘉陵江的关系、与周边建筑空间相衔接并与城市核心区生活特征相适应。

回顾国泰艺术中心的设计，值得欣慰的是设计中有那么多的研究工作，而且很多研究是公益的，是基于对城市空间的关怀和对城市生活的关注。景观设计的意义也由此得以升华。我们希望能持续保持这样的研究状态，也期待我们院能不断推出像国泰这样各专业高度协同的好作品。

景观设计将解放碑与国泰艺术中心连为一体

崔树荃

能够和中国院合作完成国泰艺术中心的建设，我们作为业主方感到十分荣幸。在这个项目的推进过程中，中国院从方案阶段，到优化方案、初步设计、施工图设计，到各个专项的分包设计，整个建设过程自始至终都非常敬业。而他们自始至终实事求是的精神更是给我们留下深刻的印象。

项目的建成经历了风风雨雨，是在各个方面的通力合作和配合下完成的。在施工过程中，崔愷院士曾两次顶着烈日，爬上七楼脚手架检查工程质量，研究具体问题，提出方案优化时亲临现场选材，并参加了两次市政府论证会；得知项目投资受到控制，可能影响最终效果时，又极力提出保证质量要求，成功说服市领导增加项目投资，由此保证了建筑的视觉效果和质量。

一个作品让老百姓认可，比让业内人士认可更难。而国泰艺术中心在市民中的反响很好。由于建筑设计的地域特色很浓厚，虽然投资比同时期的其他演艺建筑少很多，但建成后受到的社会关注度很大，市民的评价也非常好，被评为"重庆市新十大标志性建筑"的首位。剧院从2013年开始投入使用，每个月都安排了很多演出，到现在还没有听到过于负面的评价。我相信，这是一个不朽的作品，随着时间的推移，它还会带给我们重庆市民更多美好的感受。

赵永波

整个项目建设过程中，我们最大的愿望是尊重和实现建筑设计的风格，以实现建筑方案的基本设计理念为主旋律。从最后的完成效果来看，应该说完成度很高，建成照片几乎和效果图一模一样，还显得更为精致。

国泰艺术中心对于钢结构和BIM技术的运用，在重庆乃至西南地区都起到了示范的作用。通过这个项目的实施，重庆的建设单位和厂家都积累了经验，现在已经出现了成规模的钢结构厂家。2012年，国泰艺术中心获得了第十届金刚奖，这是中国钢结构领域的最高荣誉，国泰艺术中心也因此成为西南地区第一个获得该奖项的项目，对重庆的钢结构产业起了示范和带动效应。同时，设计单位和施工单位都在落实过程中使用了三维模型辅助设计，这是重庆市的工程建设中第一次使用BIM，也是对建设技术进步的一大推动。

凌成明

解放碑是重庆的商业中心和旅游景点，本地购物和外地参观的人都很多。国泰艺术中心基本形成轮廓后，每天有大量的人在现场驻足观看、拍照留念。这个建筑在视觉上非常有冲击力，也比较符合重庆人的性格，虽然它的色彩和造型和解放碑的其他建筑差异比较大，但市民们没有觉得不能接受，都觉得这个建筑挺好看的。看到这个成果，所有参与这个项目的人都很有成就感。

国泰艺术中心在重庆乃至全国广为人知，基本实现了我们的初衷。由于靠近商业中心，国泰的定位更注重商业和文化的结合，希望尽量做活，不要成为政府的负担。现在的演出场次还是比较多的，每个月基本2/3的时间都有演出，全年能达到200多场，实现了自力更生。

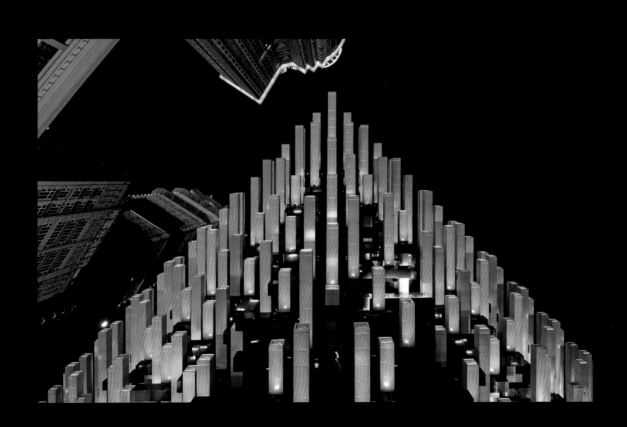

业主单位	重庆市地产集团　崔树荃
	重庆市城市建设发展有限公司　赵永波　凌成明　张枫
施工单位	重庆建工集团
设计单位	中国建筑设计研究院
建　　筑	崔愷　秦莹　景泉　李静威　张小雷　杜滨　邵楠　栗晗
	周舰　林琢　朱卉卉　赵建新　张硕　李燕云　崔昌律
结　　构	张淮湧　施泓　王奇　张猛　鲍晨泳　史杰　曹清　王树乐
	陈越　谈敏　王媇　闻登一　胡纯炀　朱炳寅
给 排 水	靳晓红　郭汝艳　付永彬　陈宁
设　　备	孙淑萍　李冬冬　王加　李雯筠　关文吉
电　　气	梁华梅　许士骅　蒋佃刚　庞传贵　李俊民
室　　内	张晔　刘烨　饶劢
景　　观	李存东　赵文斌　于超　陆柳
经　　济	赵红　禚新伦　钱薇
项目经理	赵鹏飞
经营管理	重庆国泰艺术中心经营管理公司　夏伟　符扬
数码制作	点构数字有限公司　邵世仓
专项设计	中法中元蒂塞尔声学工作室
	德国昆克舞台设计公司
专项施工	远大幕墙有限公司
	北京建峰装饰有限公司
	重庆港鑫建筑装饰设计工程有限公司

图书在版编目（CIP）数据

重庆国泰艺术中心 / 中国建筑设计院有限公司主编.
— 北京：中国建筑工业出版社，2015.8
（中国建筑设计研究院设计与研究丛书）
ISBN 978-7-112-18263-3

Ⅰ．①重… Ⅱ．①中… Ⅲ．①艺术馆－建筑设计－
重庆市 Ⅳ．①TU242.5

中国版本图书馆CIP数据核字（2015）第155471号

责任编辑：徐晓飞 张 明
责任校对：张 颖 党 蕾

中国建筑设计研究院设计与研究丛书
重庆国泰艺术中心
中国建筑设计院有限公司 主编
*
中国建筑工业出版社出版、发行（北京西郊百万庄）
各地新华书店、建筑书店经销
北京雅昌艺术印刷有限公司印刷
*
开本：889×1194毫米 1/20 印张：8⅖ 字数：168千字
2015年8月第一版 2015年8月第一次印刷
定价：**68.00**元
ISBN 978-7-112-18263-3
　　　　（27452）